生物产品工程实训教程

U0261739

王俊
屠洁 主编

SHENGWU CHANPIN GONGCHENG
SHIXUN JIAOCHENG

化学工业出版社
· 北京 ·

内容简介

本书包括基因合成与表达、工业酶制剂、微生物发酵、迷你工厂生物产品生产工艺四个模块的实训操作，共 14 个项目 48 个任务点，内容紧密结合企业岗位需求，为本学科学生开展生物产品工程实训提供教材，有助于培养学生的综合实践能力和解决复杂工程问题的能力，为学生就业及专业发展打下基础。

本书可供高等院校生物学、生物工程、农学等相关专业师生参考。

图书在版编目（CIP）数据

生物产品工程实训教程/王俊，屠洁主编. —北京：化学工业出版社，2024.1

ISBN 978-7-122-44371-7

Ⅰ.①生… Ⅱ.①王…②屠… Ⅲ.①生物工程-教材 Ⅳ.①Q81

中国国家版本馆 CIP 数据核字（2023）第 202955 号

责任编辑：彭爱铭　　　　　　　　　文字编辑：张熙然　陈小滔
责任校对：宋　夏　　　　　　　　　装帧设计：刘丽华

出版发行：化学工业出版社（北京市东城区青年湖南街 13 号　邮政编码 100011）
印　　装：北京科印技术咨询服务有限公司数码印刷分部
710mm×1000mm　1/16　印张 11¾　字数 217 千字　2024 年 3 月北京第 1 版第 1 次印刷

购书咨询：010-64518888　　　　　　售后服务：010-64518899
网　　址：http://www.cip.com.cn
凡购买本书，如有缺损质量问题，本社销售中心负责调换。

定　　价：59.00 元

本书编写人员名单

主　　　编　　王　俊　江苏科技大学

　　　　　　　屠　洁　江苏科技大学

其他参编人员　（排名不分先后）

　　　　　　　吴琼英　江苏科技大学

　　　　　　　郝碧芳　江苏科技大学

　　　　　　　熊　孟　江苏科技大学

　　　　　　　陈　欣　江苏科技大学

　　　　　　　杨乐云　江苏科技大学

　　　　　　　宫璐婵　江苏科技大学

　　　　　　　余鹏飞　南京金斯瑞生物科技有限公司

　　　　　　　李　信　江苏恒顺醋业股份有限公司

　　　　　　　杨　杰　徐州鸿宇农业科技有限公司

　　　　　　　叶　华　淮安靓果生物科技有限公司

　　　　　　　张兆俊　丹阳市金丹阳酒业有限公司

　　　　　　　周晓杰　句容市东方紫酒业有限公司

前言

近年来，生物产业作为国家战略性新兴产业得到了持续快速发展，已经形成门类齐全、功能完备的生物经济产业体系，在生物、医药、农业、材料、化工、能源等主要领域都已产生具有影响力的创新型企业，生物产品市场规模迅速扩张。因此，产业发展急需掌握生物工程学科理论知识和实践技能且能够从事设计、生产、管理和新技术研究、新产品开发的高层次人才。当前，生物产业对生物工程等相关专业毕业生的需求发生了根本变化，除了要求学生掌握生物学、化学和工程学等基础知识，掌握基因工程、酶工程、细胞工程、发酵工程、生物反应工程、生物分离工程以及工程计算等方面的基本技能外，特别渴望将教学环节与生物产品生产岗位工作相衔接，将学校讲授的专业知识与企业生产的岗位实际紧密结合，从而提升生物领域从业者的技能和素质，以适应新时代生物经济发展的迫切需要。

《生物产品工程实训教程》通过分析现代生物产业典型产品的生产企业现状，立足共性的岗位需求，结合江苏科技大学的"蚕桑"办学特色，首次将生物产品工程实训作为训练目标。通过依托迷你工厂的生物产品工业设计和操作训练，实现岗位实操与工程实训的紧密结合，侧重学生专业知识、实践技能、创新思维和科研能力的培养，注重应用研究、工程设计和产业管理的基本训练，同时减少相关企业招聘人员繁重的新人培训压力，从而填补生物产业领域生物产品工程实训教材的空白。

现代生物产业高新技术企业对于基因合成及蛋白表达、工业酶制备、微生物发酵、发酵产品生产工艺等方面的人才需求激增，本教材专门对应设计了四个实训模块，并在此基础上整合了"蚕桑"特色的迷你工厂生产工艺模块。其中，基因合成与表达模块设置4个项目：基因操作技术、昆虫细胞培养、外源蛋白在昆虫细胞中的表达与检测、外源蛋白在大肠埃希菌中的表达与纯化；工业酶制剂模块设置2个项目：淀粉酶的生产及应用、果胶酶的生产及应用；微生物发酵模块设置4个项目：发酵罐的认识和使用、柠檬酸发酵、黄酒的生产工艺、镇江香醋固态酿造工艺；迷你工厂生物产品工艺模块设置4个项目：果汁饮料生产、果酒发酵、果醋的发酵工艺及生产控制、蛹虫草的栽培。通过四个模块14个项目的实习实训，培养学生的综合实践和解决复杂工程问题的能力，以促进学生就业与企业上岗的无缝衔接，引导学生理论结合实践，在实践过程中完成就业前的岗位培训，促进校企协同培养生物工程等相关专业高层次人才的产教融合。

本教材的主要特色与创新如下：

（1）紧密对接现代生物产业从业人员的岗位需求，以一流专业生物工程设置课程《生物工程创新创业实践》（核心课程）以及《生物工程实训理论与实践》为抓手，开展典型生物产品的生产实训，强调典型生物产品全过程多岗位实训锻炼，将高年级学生的工程实训与企业岗位从业人员培训无缝对接，从而与以往生物工程实验教学用书产生本质的区别。

（2）依托生物工程迷你工厂实训中心，以蚕桑产品、镇江香醋、丹阳黄酒等为特色案例，融入了最新的科研成果和生产技术，实现了科研反哺教学和产学研用结合，既具有生物工程学科专业背景，又彰显区域行业传统产品特色。

（3）编写人员来自高校和行业企业一线人员，实践教学的内容模块化、任务项目化，采用线上与线下教学相结合的方式，线下实践为主，线上采用虚拟仿真、电子课件、操作讲解视频、实训考核及评价等形式，形式新颖，元素多元，可读性强，具有新教材的鲜明特征。

本教材可作为生物学、生物工程、化学工程与技术、生物与医药、资源与环境、农学等专业学生的实践教学参考用书。

王俊

2023 年 6 月

目　录

模块一
基因合成与表达

项目一　基因操作技术

🔲 背景知识

　　基因是遗传的基本单元，携带有遗传信息的脱氧核糖核酸（deoxyribonucleic acid，DNA）或核糖核酸（ribonucleic acid，RNA）序列，通过复制，把遗传信息传递给下一代，指导蛋白质的合成来表达自己所携带的遗传信息，从而控制生物个体的性状表达。基因操作技术是生物技术领域的一项重要的前沿技术，是连接上下游生物技术的重要内容。基因操作技术是对生物体的遗传物质进行人为的操作，使之发生修饰和改变的技术，广泛应用于医学诊断、农业科学、基因工程药物研发、对生物进行定向改造、基因医治等领域。常用的基因操作技术包括核酸的提取与检测，基因扩增，质粒的提取与检测，核酸的酶切、分离纯化与重组，重组质粒的转化和阳性克隆的筛选，工程菌的诱导表达与蛋白质产物的检测等。

　　本项目拟通过 DNA 的提取、DNA 限制性内切酶酶切及电泳分析、DNA 序列分析、聚合酶链式反应（polymerase chain reaction，PCR）操作、基因文库构建等实训任务，帮助参与实训者掌握常见的基因操作技术。

任务 1　DNA 的提取与纯化

1. 原理

盐溶法是提取 DNA 的常规技术之一。在制备核酸时，通常是用研磨破坏细胞壁和细胞膜，使核蛋白被释放出来。利用 DNA 和 RNA 在 0.14mol/L 氯化钠（NaCl）溶液中溶解度的不同，DNA 沉淀析出，将 DNA 核蛋白（deoxyribonucleoprotein，DNP）和 RNA 核蛋白（ribonucleoprotein，RNP）从样品破碎细胞液中分开。

DNA 除蛋白的方法：适量的十二烷基磺酸钠（sodium dodecyl sulfonate，SDS）可以促使蛋白质变性，用含辛醇或异戊醇的氯仿振荡核蛋白溶液，使其乳化，然后离心除去变性蛋白质。用这种方法处理时，蛋白质停留在水相和氯仿相中间，而 DNA 钠盐溶于上层水相，用两倍体积 95% 乙醇溶液可将 DNA 钠盐沉淀出来。反复使用上述方法，多次处理 DNP 溶液，将蛋白质等杂质较彻底除去，得到较纯的 DNA 制品。

组成 DNA 的碱基具有一定的紫外吸收特性，碱基与戊糖、磷酸形成核苷酸后在 260nm 处有最大吸收值。蛋白质也有紫外吸收特性，其在 280nm 处有最大吸光值。纯 DNA：$OD_{260}/OD_{280} \approx 1.8$（>1.9，表明有 RNA 污染；<1.6，表明有蛋白质、酚等污染）。纯 RNA：$1.9 < OD_{260}/OD_{280} < 2.0$（2.0 时表明可能有异硫氰酸残存）。因此，利用 DNA 和蛋白质的这个物理特性，可以检测 OD_{260}/OD_{280} 值，当该值 ≈ 1.8 时 DNA 纯度较好，排除蛋白质等污染，可用于 PCR 等对 DNA 质量要求较高的实验。

2. 材料与方法

（1）实验材料：新鲜猪肝。

（2）实验试剂：柠檬酸钠、氯化钠、盐酸、SDS、乙醇、氯仿、异戊醇、10mmol/L Tris 缓冲液 [pH 8.0，含 1mmol/L EDTA（乙二胺四乙酸），也称 TE 缓冲液]。

（3）实验步骤

① 新鲜猪肝 4g，用柠檬酸钠-NaCl 溶液（0.15mol/L NaCl＋0.015mol/L 柠檬酸钠）冲洗，低温下操作。

② 剪碎后加入 8mL 上述溶液，继续捣碎。

③ 将匀浆物于 4000r/min 离心 10min。

④ 弃上清（上清是 RNP 提取液），下层是 DNP 及细胞碎片，下层再用 5mL 柠檬酸钠-NaCl 溶液重复抽提两次，以去除 RNP。

⑤ 下层沉淀转移，加柠檬酸钠缓冲液（saline sodium citrate buffer，SSC 溶液）20mL，混匀，再加 4mL 5% SDS，混匀，再加 15mL 氯仿/异戊醇（24/1）混合液，混匀。

⑥ 边摇边加固体氯化钠，使其终浓度达 1mol/L，充分振荡 30min。

⑦ 4000r/min 离心 20min，小心取出离心管，观察到溶液有三层，上层为含有 DNA 的水相，中间为蛋白质沉淀层（乳白色），下层为氯仿层。

⑧ 用吸管小心吸取上层溶液，再去蛋白质，重复至无蛋白质沉淀层为止。

⑨ 量取上层水相体积后，在烧杯中加等体积预冷的 95％乙醇，边加边沿着同一方向搅拌，纤维状 DNA 缠绕于玻璃棒上，待 DNA 全部绕上后，挤干，再用无水乙醇清洗，于干燥器中干燥，称重，记录，并计算得率。

⑩ 将制备的 DNA 悬浮溶解于 TE 缓冲液中或灭菌水中，并在紫外分光光度计中测定 OD_{260} 和 OD_{280}，并计算 OD_{260}/OD_{280}。OD_{260}/OD_{280} 值应接近 1.80。若比值大于 1.8，说明存在 RNA。若比值小于 1.8，则说明有蛋白质等杂质存在。

3. 实训记录及结果
① DNA 提取操作基本步骤。
② DNA 纯度检测方法。

任务 2　DNA 限制性内切酶酶切及电泳分析

1. 原理

限制性内切酶是基因操作工具酶，能够识别双链 DNA 分子上的特异核苷酸序列，能在这个特异性核苷酸序列内切断 DNA 的双链，形成一定长度和顺序DNA 片段。应用较多的限制性内切酶是 Ⅱ 型限制酶，能切割 DNA 后形成黏性末端或平末端，如 *Bam*H Ⅰ、*Pst* Ⅰ、*Hae* Ⅰ 分别错位切和平切形成不同的末端，其识别序列和切口如图 1-1 所示。

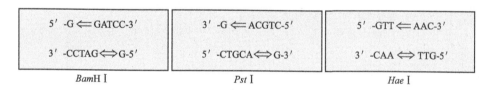

5′ -G ⇐ GATCC-3′	3′ -G ⇐ ACGTC-5′	5′ -GTT ⇐ AAC-3′
3′ -CCTAG ⇒ G-5′	5′ -CTGCA ⇒ G-3′	3′ -CAA ⇒ TTG-5′
*Bam*H Ⅰ	*Pst* Ⅰ	*Hae* Ⅰ

图 1-1　限制性内切酶的切口

限制性内切酶对 DNA 有多少切口，就能产生相应的酶切片段，因此鉴定酶切后的片段在电泳凝胶的区带数，就可以推断酶切口的数目。

DNA 分子在碱性环境中（pH8.3 缓冲液）带负电荷，外加电场作用下，向正极泳动。不同的 DNA 片段由于其电荷、分子量大小及构型的不同，在电泳时的泳动速率就不同，从而可以区分出不同的区带，电泳后经溴化乙锭染色，在波长 254nm 紫外线照射下，DNA 显橙红色荧光。琼脂糖凝胶电泳是分离、鉴定和纯化 DNA 片段的方法。琼脂糖凝胶具有网络结构，物质分子通过时会受到阻力，大分子物质在泳动时受到的阻力大，因此在 DNA 片段的凝胶电泳中，带电颗粒的分离不仅取决于净电荷的性质和数量，而且还取决于分子大小。琼脂糖凝胶电泳兼有"分子筛"和"电泳"的双重作用，大大提高了分辨能力。常用 1% 的琼脂糖作为电泳支持物，琼脂糖凝胶约可区分相差 100bp 的 DNA 片段，普通琼脂糖凝胶分离 DNA 的范围为 0.2~20kb。

2. 材料与方法

实验材料及试剂：DNA 样品、限制性内切酶及对应的 10 倍缓冲液、无菌水、碱性琼脂糖凝胶电泳缓冲液（TBE 缓冲液）、琼脂糖、溴化乙锭。

3. 酶切

（1）单酶切

① 将提取的 DNA 放入 0.5mL 离心管（清洁干燥并经灭菌）中，并依次加入下列溶液（表 1-1）。

▫ 表 1-1 单酶切体系

试剂	加入量/μL
DNA(3ng/mL)	3
10 倍酶解缓冲液	1
dd H_2O	5
Pst I	1
总体积	10

② 轻敲管壁混匀，离心 5s。

③ 置于 37℃水浴中酶解 1~2h。

④ 65℃水浴 10min，终止酶反应。

⑤ 电泳检测酶切效果。

（2）双酶切

① 将提取的 DNA，于 0.5mL 离心管（清洁干燥并经灭菌）中，并依次加入下列溶液（表 1-2）。

▫ 表 1-2 双酶切体系

试剂	加入量/μL
DNA(3ng/μL)	3
10 倍酶解缓冲液	1
dd H_2O	5
Pst I	0.5
EcoR I	0.5
总体积	10

② 轻敲管壁混匀，离心 5s。

③ 置于 37℃水浴中酶解 1～2h。

④ 65℃水浴 10min，终止酶反应。

⑤ 电泳检测酶切效果。

4. 琼脂糖凝胶电泳

（1）琼脂糖凝胶的制备

取 5×TBE 缓冲液 20mL 加水至 200mL，配制成 0.5×TBE 稀释缓冲液，待用。称取 0.4g 琼脂糖，置于 200mL 锥形瓶中，加入 50mL 0.5×TBE 稀释缓冲液，放入微波炉里加热至琼脂糖全部溶化，取出摇匀，此为 0.8% 琼脂糖凝胶液。加热过程中要不时摇动，使附于瓶壁上的琼脂糖颗粒进入溶液。加热时，应盖上封口膜，以减少水分蒸发。将有机玻璃胶槽两端分别用橡皮膏（宽约 1cm）紧密封住。将封好的胶槽置于水平支持物上，插上样品梳子，注意观察，梳子齿下缘应与胶槽底面保持 1mm 左右的间隙。向冷却至 50～60℃ 的琼脂糖凝胶液中加入溴化乙锭（ethidium bromide，EB）溶液使其终浓度为 0.5μg/mL（也可不把 EB 加入凝胶中，而是电泳后再用 0.5μg/mL 的 EB 溶液浸泡染色）。用移液器吸取少量溶化的琼脂糖凝胶封橡皮膏内侧，待琼脂糖溶液凝固后将剩余的琼脂糖小心地倒入胶槽内，使胶液形成均匀的胶层。倒胶时的温度不可太低，否则凝固不均匀，速度也不可太快，否则容易出现气泡。待胶完全凝固后拨出梳子，注意不要损伤梳子底部的凝胶，然后向槽内加入 0.5×TBE 稀释缓冲液，至液面恰好没过胶板上表面（图 1-2）。

图 1-2 水平电泳槽

（2）加样

取 10μL 酶解液与 2μL 6× 载样液混匀，用微量移液枪小心加入样品槽中。若 DNA 含量偏低，则可依上述比例增加上样量，但总体积不可超过样品槽容量。每加完一个样品要更换移液器枪头，以防止互相污染，上样时要小心操作，避免损坏凝胶或将样品槽底部凝胶刺穿。

（3）电泳

加完样后，合上电泳槽盖，立即接通电源。控制电压保持在 60～80V，电流在 40mA 以上。当溴酚蓝条带移动到距凝胶前沿约 2cm 时，停止电泳（图 1-3）。

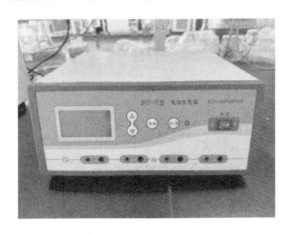

图 1-3　实验室电泳仪外观

（4）染色

未加 EB 的胶板在电泳完毕后移入 0.5μg/mL 的 EB 溶液中，室温下染色 20～25min。

（5）观察和拍照

在波长为 254nm 的紫外灯下观察染色后的或已加有 EB 的电泳胶板。DNA存在处显示出肉眼可辨的橘红色荧光条带。紫光灯下观察时应戴上防护眼镜或有机玻璃面罩，以免损伤眼睛。照相机镜头加上近摄镜片和红色滤光片后将相机固定于照相架上，采用全色胶片，光圈 5.6，曝光时间 10～120s（根据荧光条带的深浅选择）。

（6）DNA 分子量标准曲线的制作

在放大的电泳照片上，以样品槽为起点，用卡尺测量各已知分子量大小的 DNA 酶切片段的迁移距离，以厘米为单位。以核苷酸数的常用对数为纵坐标，以迁移距离为横坐标，在坐标纸上绘出连接各点的平滑曲线，即为该电泳条件下DNA 分子量的标准曲线。

（7）DNA 酶切片段大小的测定

在放大的电泳照片上，用卡尺量出 DNA 样品各片段的迁移距离，根据此数值，在 DNA 分子量标准曲线上查出相应的对数值，进一步计算出各片段的分子量大小（若用单对数坐标纸来绘制标准曲线，则可根据迁移距离直接查出 DNA

片段的大小）。

（8）DNA 酶切片段排列顺序的确定

根据单酶切、双酶切的电泳分析结果，对照 DNA 酶切片段大小的数据进行逻辑推理，然后确定各酶切片段的排列顺序和各酶切位点的相对位置。

5. 实训记录及结果

① 简述酶切反应体系组成。

② 对电泳结果进行分析。

任务 3　DNA 序列分析

1. 原理

基因测序指的是确定一条染色体片段上的碱基顺序。以 1974 年获得 Nobel 奖的 Sanger 法为例，测序流程包括以下步骤。

（1）构建 PCR 体系

在 PCR 时加入荧光标记的复制终止剂——双脱氧核苷酸 ddATP、ddTTP、ddCTP、ddGTP（分别对应于 dATP、dTTP、dCTP、dGTP）。ddNTP 的结构与 dNTP 相似，所以在 DNA 复制过程中被当作正常碱基参与复制。但是，一旦 ddNTP 进入合成中的 DNA 链，其后就不能提供 $3'$-OH，再继续连接下一个 dNTP。

（2）电泳分离，并进行荧光检测

DNA 合成过程由于 ddNTP 的接入而终止，荧光检测判定 ddNTP 的接入位点，DNA 链长越长在电泳当中跑得越慢，反之则快，由此读出 DNA 序列（如图 1-4 所示）。

2. 材料与方法

（1）实验材料与试剂：DNA 样品，灭菌去离子水，BigDye Mix，Hi-Di Formamide，醋酸钠，酒精，醋酸。

醋酸缓冲溶液（pH4.6，3mol/L）的配制：102.06g NaAc·$3H_2O$ 溶于 200mL ddH_2O 中，用冰醋酸调 pH 至 4.6，定容至 250mL，分装，高压灭菌消毒，室温保存。

NaAc/酒精混合液的配制：62.5mL95％酒精，加入 3mL 3mol/L 醋酸缓冲溶液，去离子水补足到 80mL。

（2）实验步骤

① 测序 PCR 反应

PCR 反应的操作在冰上进行，体系组成如表 1-3 所示。

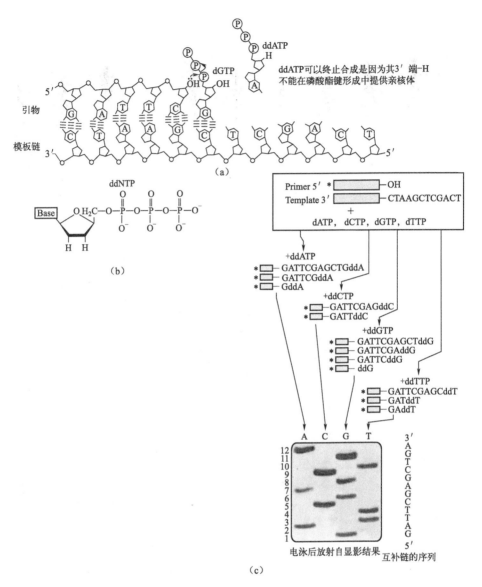

图 1-4　Sanger 法测序原理

引自 David Nelson & Michael M. Cox《Lehninger Principles of Biochemistry 7th Edition 》图 8-34

⊡ 表 1-3　PCR 反应体系

试剂	用量/μL
DNA(200ng/μL)	1
BigDye Mix	8
引物(3.2pmol/μL)	1
灭菌去离子水	10
总体积	20

上述体系中 DNA 模板的纯度和用量要求如下。

DNA 纯度：$OD_{260}/OD_{280}=1.7\sim1.9$。

DNA 浓度：质粒 200ng/μL，PCR 产物 10ng/μL。

DNA 用量：如表 1-4 所示。

▫ 表 1-4 PCR 反应中 DNA 的用量

PCR 产物	用量
100~200bp	1~3ng
200~500bp	3~10ng
500~1000bp	5~20ng
1000~2000bp	10~40ng
>2000bp	40~100ng
单链 DNA	50~100ng
质粒,双链 DNA	100~500ng
Cosmid,BAC	0.5~1μg
细菌基因组 DNA	2~3μg

测序 PCR 热循环条件：

(96℃ 10s→50℃ 5s→60℃ 4min)×25 个循环→4℃保温。

② 测序产物纯化

每管加入 80μL NaAc/酒精混合液，室温放置 15min，96 孔板转头最高速 [(2000~3000)×g] 离心 30min，马上倒置 96 孔板，50×g 离心 1min；加入 150μL 70％酒精，最高速 [(2000~3000)×g] 离心 15min；倒置 96 孔板，50×g 离心 1min；重复上一步骤 [加入 150μL 70％酒精，最高速（2000~3000）×g] 离心 15min；倒置 96 孔板，50×g 离心 1min；让残余的酒精在室温挥发干，加入 10μL Hi-Di Formamide 溶解 DNA；溶解后的样品需要在 95℃变性 4min，迅速置冰中冷却 4min 后，再上样电泳。

3. 实训记录及结果

① 记录 PCR 反应体系组成。

② PCR 产物的纯化步骤。

③ 电泳结果分析。

任务4 基因扩增

1. 原理

基因扩增是一种用于放大特定的 DNA 片段的分子生物学技术，可看作生物体外的 DNA 复制。聚合酶链式反应（polymerase chain reaction，PCR）是体外快速扩增 DNA 的方式。

PCR 技术是由美国生物化学家 Kary Banks Mullis 在 1983 年发明的，是现代分子生物学研究的利器，他因此获得了 1993 年的诺贝尔化学奖。PCR 技术不仅是生命科学领域科学研究的必备技术，还是医学检测、食品检测、进出境检疫、疾控、刑侦、考古等领域的国家标准、行业标准或权威的方法中必需的技术。

PCR 仪是对特定 DNA 进行扩增的仪器。PCR 仪可分为普通 PCR 仪和实时荧光定量 PCR 仪等。普通 PCR 仪主要用于目的 DNA 片段或基因的扩增、mRNA 反转录、DNA 的变性等。实时荧光定量 PCR 主要用于：①目的基因（DNA 或 RNA）的绝对或相对定量分析，包括病原微生物或病毒含量的检测、转基因动植物转基因拷贝数的检测；②基因表达差异分析，例如比较经过不同处理（如药物处理、物理处理、化学处理等）样本之间特定基因的表达差异、特定基因在不同时相的表达差异以及 cDNA 芯片或差显结果的确证；③基因分型，例如单核苷酸多态性（single nucleotide polymorphisms，SNP）检测、甲基化检测等。

普通 PCR 仪为 DNA 复制的变性-退火-延伸三步骤提供条件，其作用就是提供温度、时间控制和 DNA 复制循环。PCR 仪主要由 6 部分构成，包括热盖、模块、电源、显示部分、风机和控制部分，见图 1-5。

图 1-5　PCR 仪的构成

PCR 扩增是在模板 DNA、引物和 DNTP 存在下，依赖 DNA 聚合酶的酶促反应，经变性、退火、延伸多次循环，使介于两条引物之间的 DNA 片段得到大量扩增，呈 2 的指数倍复制，达到目的基因在体外迅速扩增的目的。实现上述目的需要经过如下步骤。

① 模板 DNA 的变性　模板 DNA 经加热至 95℃ 左右一定时间后，使模板 DNA 双链或经 PCR 扩增形成的双链 DNA 解离，使之成为单链，以便它与引物结合，为下轮反应做准备。

② 模板 DNA 与引物的退火（复性）　模板 DNA 经加热变性成单链后，温度降至 55℃ 左右，引物与模板 DNA 单链的互补序列配对结合。

③ 引物的延伸　DNA 模板-引物结合物在 TaqDNA 聚合酶的作用下，以 dNTP 为反应原料，靶序列为模板，按碱基配对与半保留复制原理，合成一条新的与模板互补反平行的 DNA 链。

2. 材料与方法

（1）实验材料与试剂

模板 DNA、正反向引物、dNTP、缓冲液、聚合酶、灭菌去离子水。

（2）实验步骤

① 配制 PCR 反应体系（以 50μL 为例），如表 1-5 所示。

▫ 表 1-5　PCR 反应体系

试剂	用量/μL
Buffer(10×)	5
dNTP	1
正向引物	1
反向引物	1
模板 DNA	0.3~0.5
DNA 聚合酶	0.5
添加剂（DMSO，二甲基亚砜）	5
加水至终体积	50

② 设置 PCR 仪反应程序（按实际情况设定）。预变性：96℃ 5min；30 个循环：95℃ 45s，60℃ 45s，72℃ 150s；延伸：72℃ 10min。

③ 抽取每种扩增样品 5~10μL，用琼脂糖电泳来分析扩增结果，用标准分子量 DNA（DNA marker）来判断扩增片段的大小。从阳性对照样品的相对分子量的目的条带的亮度与粗细可以判断 PCR 扩增的效率，阴性对照样品在目的条带附近应该没有相应条带。

参数说明，双链 DNA 模板的 GC 含量越高，变性温度越高，DNA 链越长，变性时间越长，最佳的变性范围为 94~98℃。不同的聚合酶其延伸速率不同，延伸时间根据 DNA 链长度计算，如聚合酶的延伸速率为 3000bp/min，循环数通常选择 20~30 个。模板 GC 含量与退火温度的设置如表 1-6 所示。

GC	退火温度
GC<30%	44~54℃
30%~50%	54~58℃
50%~60%	58~64℃
60%~75%	64~72℃
GC>75%	不建议 PCR 扩增

3. 实训记录及结果

① PCR 仪操作的基本步骤。

② PCR 反应程序设定的依据。

③ PCR 结果分析。

任务 5 重组质粒的构建、转化、筛选和鉴定

1. 原理

外源 DNA 与载体分子的连接即为 DNA 重组技术，这样重新组合的 DNA 分子叫作重组子。在 DNA 连接酶的作用下，有 Mg^{2+}、ATP 存在的连接缓冲系统中，将分别经限制性内切酶酶切的载体分子和外源 DNA 分子连接起来形成重组 DNA 分子。将重组质粒导入感受态细胞中，将转化后的细胞在选择性培养基中培养，可以通过 α-互补筛选法筛选出重组子，并可通过酶切电泳及 PCR 检验的方法进行重组子的鉴定。

（1）重组子的构建

酶切时首先要了解目的基因的酶切图谱，选用的限制性内切酶不能在目的基因内部有专一的识别位点，其次要选择具有相应的单一酶切位点质粒或者噬菌体载体分子，酶切后的片段两端将产生相同的黏性末端或平末端，再选用同样的限制性内切酶处理载体。

连接反应总是紧跟酶切反应，主要依赖限制性核酸内切酶和 DNA 连接酶催化完成。DNA 连接酶催化两双链 DNA 片段相邻的 $5'$-磷酸和 $3'$-OH 间形成磷酸二酯键。在分子克隆中，最有用的 DNA 连接酶是来自 T4 噬菌体的 T4 DNA 连接酶，它可以连接黏性末端和平末端。

（2）感受态细胞的制备及质粒转化

构建好的重组 DNA 转入感受态细胞中进行表达的现象就是转化。能进行转化的受体细胞必须是感受态细胞，人工转化是通过人为诱导的方法使细胞具有摄取 DNA 的能力，或人为地将 DNA 导入细胞内，常用热击法、电穿孔法等。目

前常用的感受态细胞制备方法有 $CaCl_2$ 法，经过 $CaCl_2$ 处理的细胞膜通透性增加，允许外源 DNA 分子进入。在低温下，将携带有外源 DNA 片段的载体与感受态细胞混合，经过热击或电穿孔技术，使载体分子进入细胞。进入受体细胞的外源 DNA 分子通过复制、表达，使受体细胞出现新的性状。将这些转化后的细胞在选择性培养基上培养，即可筛选出重组子。本实验以 $E.coli$ DH 5α 菌株为受体细胞，用 $CaCl_2$ 处理，使其处于感受态，然后将重组后的 PUC19 质粒在 42℃下热击 90s，实现转化。

（3）重组子的筛选鉴定

重组 DNA 转化宿主细胞后，一般仅有少数重组 DNA 分子能进入受体细胞，同时也只有极少数的受体细胞在吸纳重组 DNA 分子之后才能良好增殖。因此必须使用各种筛选及鉴定手段区分转化子与非转化子，并从转化的细胞群体中分出带有目的基因的重组子。本实验中采用的方法是平板筛选法、电泳筛选法及 PCR 检测方法。

α-互补筛选法是根据菌落颜色筛选含有充足质粒的转化子。质粒 PUC19 携带有氨苄青霉素抗性基因（Amp^r），在含有氨苄青霉素平板上筛选转化子。没有导入质粒 PUC19 的受体细胞，在含有氨苄青霉素的平板上不生长。质粒 PUC19 进入 $E.coli$ DH 5α 后，通过 α-互补作用，形成完整的 β-半乳糖苷酶。在麦康凯培养基平板上，转化子利用 β-半乳糖苷酶分解培养基中的乳糖产生有机酸，pH 降低，培养基中的指示剂变红，转化子的菌落变红。不含质粒的 $E.coli$ DH 5α，没有 β-半乳糖苷酶活性，不能利用培养基中的乳糖产生有机酸，而是利用培养基中的有机碳源，不使培养基 pH 降低，在不含有氨苄青霉素的麦康凯培养基上形成白色菌落。重组后的载体 DNA 因为目的基因的插入位点在 PUC19 乳糖利用基因内部，不能形成 α-互补作用，所以也不能利用培养基中的乳糖产生有机酸，在含有氨苄青霉素的麦康凯培养基上形成白色菌落。

挑选在氨苄青霉素培养基上生长的白色菌落，进行扩增培养。因为许多菌落存在假阳性情况，在氨苄青霉素培养基上的白色菌落可能是导入的重组载体 DNA 菌落，也可能是载体自连后发生突变的菌落，所以还要鉴定转化子中重组质粒 DNA 分子的大小，可将重组的载体 DNA 提取出来，进行后续的酶切、电泳检验。

2. 材料与方法

（1）实验材料

菌株 $E.coli$ DH 5α。

（2）试剂

LB 培养基、麦康凯培养基（加入氨苄青霉素）、DNA、PUC19 质粒、10× buffer、Hind Ⅲ、重蒸水、λDNA、T4 连接酶、$CaCl_2$、重组菌挑选试剂盒、琼脂糖、溴化乙锭 EB。

(3) 实验步骤

① 酶切反应：酶切反应体系如表 1-7 所示，按顺序加样后轻敲管壁混匀，离心 5s，置于 37℃水浴中酶解 1～2h，65℃水浴 10min 终止酶反应。

□ 表 1-7 酶切反应体系

试剂	用量
目的片段或载体	1μg
10×酶切缓冲液	1μL
dd H_2O	7μL
Hind Ⅲ	1μL
总体积	10μL

② 连接酶反应：连接酶反应体系如表 1-8 所示，连接条件可以是 25℃反应 2h，也可以 16℃反应过夜（12～16h）。

□ 表 1-8 连接酶反应体系

试剂	用量
10 倍酶反应缓冲液	1μL
T4 连接酶	1μL
载体	0.01pmol
目的片段	0.1pmol
dd H_2O	补足 10μL
总体积	10μL

③ 感受态细胞的制备：挑取一个 JM109 单菌落于 3mL LB（无抗生素）培养基中，37℃、180r/min 培养过夜。取 0.4mL 过夜培养物加入 40mL LB（无抗生素）培养基中，37℃、250r/min 培养大约 2.5h。取培养物置于 40mL 的灭菌离心管中，冰浴 10min，4℃、4000r/min，离心 10min，弃上清。菌体重悬于 10mL 100mmol/L 冰冷 $CaCl_2$ 中，轻吹，4℃、4000r/min 离心 5min 弃上清。菌体重悬于 1mL 100mmol/L 冰冷的 $CaCl_2$ 中，轻吹，用于转化。

④ 转化：将连接产物按顺序放到 PCR 小黄板上，选取合适量程的移液器吸取 20μL 的连接产物加入感受态中，使用移液器轻轻吹打混匀液体两至三下，尽可能减少感受态细胞和空气的接触时间，轻甩 EP 管，使液体尽可能集中在管底。感受态置于冰上 5～10min。将 EP 管置于浮子中，注意检查 EP 管是否有弹开，再将浮子轻轻放入水浴锅中，热激 45～60s，其间不要晃动浮子。热激结束后，迅速将浮子取出，感受态细胞再次冰浴 3min。冰浴结束后，用平板纸擦拭盖上的水珠，用 100～1000μL 移液器向 EP 管中悬空加入 500～800μL LB 培养

基。将 EP 管放置浮子上，浮子置于振荡培养箱中，培养参数 37℃、200r/min，振荡培养 40～50min。

⑤ 重组菌的挑选、检验：制备含相应抗生素的琼脂平板，并用无菌玻璃涂布器将试剂均匀涂布于整个平板表面，37℃静置 1h。将 100μL 转化的菌液涂布于平板表面，置 37℃培养箱 20min 后，倒置平板继续培养 12～16h。终止培养后，将平板静置 4℃ 4h，使蓝色充分显现，平皿上显示蓝色和白色两种菌落。挑取白色菌落置 2mL LB（含相应抗生素）液体培养基中，37℃摇床培养 8～12h。

⑥ 提取质粒，用限制性酶切分析、鉴定。

3. 实训记录及结果

① 重组质粒构建基本步骤。

② 阳性克隆的筛选方法及原理。

考核与评价

1. 考核

（1）PCR 技术扩增 DNA，需要的条件是（　　　）

①目的基因；②引物；③四种脱氧核苷酸；④DNA 聚合酶等；⑤mRNA；⑥核糖体

　　A. ①②③④　　　　B. ②③④⑤　　　　C. ①③④⑤　　　　D. ①②③⑥

（2）镁离子在 DNA 或 RNA 体外扩增反应的浓度一般为（　　　）

　　A. 0.3～1mmol/L　　　　　　　　B. 0.5～1mmol/L

　　C. 0.3～2mmol/L　　　　　　　　D. 0.5～2mmol/L

（3）多重 PCR 需要的引物对为（　　　）

　　A. 一对引物　　　B. 半对引物　　　C. 两对引物　　　D. 多对引物

（4）PCR 是在引物、模板和 4 种脱氧核糖核苷酸存在的条件下依赖于 DNA 聚合酶的酶促合成反应，其特异性决定因素为（　　　）

　　A. 模板　　　　B. 引物　　　　C. dNTP　　　　D. 镁离子

（5）在 PCR 反应中，下列哪项可以引起非靶序列的扩增（　　　）

　　A. TaqDNA 聚合酶加量过多　　　　B. 引物加量过多

　　C. A、B 都可　　　　　　　　　　D. 缓冲液中镁离子含量过高

（6）市面上多数试剂用淬灭基团 Q 基团和报告基团 R 基团来标记荧光定量 PCR 的探针。（　　　）

（7）PCR 反应体系中 Mg^{2+} 的作用是促进 Taq DNA 聚合酶活性。（　　　）

（8）若标本中含有蛋白变性剂（如甲醛）、pH、离子强度、Mg^{2+} 等有较大改变都会影响 Taq 酶活性。（　　　）

（9）每个子代 DNA 分子中均保留一条亲代 DNA 链和一条新合成的 DNA

链，这种复制方式称之为半保留复制。（　　）

（10）逆转录聚合酶链式反应（reverse transcription-PCR，RT-PCR）就是在应用 PCR 方法检测 RNA 病毒时，以 RNA 为模板，在逆转录酶的作用下形成 cDNA 链，然后以 cDNA 为模板进行正常的 PCR 循环扩增。（　　）

（11）在定量 PCR 中，72℃这一步对荧光探针的结合有影响，故去除，实际上 55℃仍可充分延伸，完成扩增复制。（　　）

（12）Taq DNA 聚合酶酶促反应最快最适温度为（　　）

A. 37℃　　　　　B. 50～55℃　　　　C. 70～75℃　　　　D. 80～85℃

（13）以下哪种物质在 PCR 反应中不需要（　　）

A. Taq DNA 聚合酶　　　　　　　B. dNTPs

C. 镁离子　　　　　　　　　　　D. RNA 酶

（14）PCR 检测中，经过 n 个循环的扩增，拷贝数将增加（　　）

A. n　　　　　　B. $2n$　　　　　　C. 2^n　　　　　　D. n^2

（15）PCR 基因扩增仪最关键的部分是（　　）

A. 温度控制系统　　B. 荧光检测系统　　C. 软件系统　　　　D. 热盖

（16）PCR 引物设计的目的是在扩增特异性和扩增效率间取得平衡。（　　）

（17）在 PCR 反应中，dATP 在 DNA 扩增中可以提供能量，同时作为 DNA 合成的原料。（　　）

（18）DNA 扩增过程未加解旋酶，可以通过先适当加温的方法破坏氢键，使模板 DNA 解旋。（　　）

（19）PCR 反应中，复性过程中引物与 DNA 模板链的结合是依靠碱基互补配对原则完成。（　　）

（20）PCR 与细胞内 DNA 复制相比所需要酶的最适温度较高。（　　）

2. 教师评价

（1）理论基础得分：_____；

（2）实验操作得分：_____；

（3）总体评价：_____。

参考文献

[1]　吴乃虎. 基因工程原理 [M]. 北京：科学出版社，2005.

[2]　J. 萨姆布鲁克，M. R. 格林. 分子克隆实验指南 [M]. 4 版. 贺福初译. 北京：科学出版社，2017.

[3]　郑蔚虹，张乔，薛永国. 生物仪器及使用 [M]. 北京：化学工业出版社，2019.

[4]　David N, Michael M C. Lehninger Principles of Biochemistry [M]. 7th Edition San Francisco：W. H. Freeman, 2019.

项目二　昆虫细胞培养

📖 背景知识

细胞培养是指从体内组织取出细胞，将其在体外进行培养、生长繁殖，并且维持其形态及功能的培养技术。细胞培养技术是细胞生物学研究方法中的重要和常用技术，通过细胞培养既可以获得大量细胞，也可以进行疫苗生产、抗体制备及新药筛选等。细胞培养包括原核生物细胞、单细胞真核生物细胞、植物细胞及动物细胞以及相关的病毒培养。这里主要介绍昆虫细胞的培养技术。

目前，已报道的昆虫细胞系超过 500 多个，其中多数细胞系取材于鳞翅目昆虫。鳞翅目昆虫是杆状病毒的天然宿主，因此近年来昆虫杆状病毒表达系统（baculovirus expression vector system，BEVS）已被广泛地应用于重组真核蛋白的体外表达。目前，主要用于 BEVS 表达系统的细胞系有来源于鳞翅目的夜蛾科草地贪夜蛾（*Spodoptera frugiperda*）卵巢细胞系 Sf9 和 Sf21、粉纹夜蛾（*Trichoplusia ni*）细胞系 BTI-Tn-5B1-4（商品名 High Five™，Life technologies 公司）、家蚕（Bombyx mori）卵巢细胞系 BmN 和 Bm5。

1. 所用的主要仪器设备

生物安全柜，荧光倒置生物显微镜，细胞培养箱，电热恒温水槽，液氮罐，$-80℃$ 超低温冰箱，磁力搅拌器，超纯水机，pH 计，高压灭菌锅等。

2. 培养细胞所用耗材

细胞培养的器皿，必须满足无 DNA 酶、无 RNA 酶、无热原、无毒素、无菌级别达 10^{-6}、材质无生物污染溶出物质等要求。

（1）细胞培养器皿

常见的有三种，细胞培养瓶、细胞培养板、细胞培养皿，其优缺点见表 1-9。

□ 表 1-9　细胞培养器皿的优缺点

类别	细胞培养瓶	细胞培养皿	细胞培养板
优点	细胞不易污染，用于长时间连续传代培养	容器口径大，操作方便	适合做对照分析实验
	适合大量扩增	成本较低	规格多样 4～96 孔，且孔间的均一性高

続表

类别	细胞培养瓶	细胞培养皿	细胞培养板
优点	闭口瓶适合转移	适合较短时间培养的细胞	适合高通量筛选或单克隆挑选
缺点	瓶口和瓶底的气体浓度有差异,操作不方便	大量或者长时间培养容易出现污染	大量或长时间培养容易出现污染

　　除了常用的细胞培养瓶/板/皿之外,还有一些特殊的细胞培养容器或工具,比如:Transwell 小室、细胞爬片、共聚焦小皿。像规模化细胞培养耗材还有多层培养瓶、细胞工厂、滚瓶、培养袋等。

　　(2)离心管

　　细胞培养中,用于分离细胞及其他溶液。离心管按照底部形状,分为尖底离心管、平底离心管和圆底离心管;按照盖子闭合方式,分为压盖离心管和螺旋盖离心管。常用于细胞培养的离心管主要是 15mL 和 50mL 的螺旋盖尖底离心管。

　　(3)移液管

　　细胞培养过程中,往往需要进行较大体积的液体操作,由于移液管操作的简便性,各种规格的移液管几乎成为细胞培养室的必备用品之一。

　　早期的移液管为玻璃制品,可以高温高压灭菌并反复使用,但是由于玻璃制品的易碎性以及反复灭菌潜在的风险,目前许多细胞培养室已经基本放弃使用玻璃制的移液管,而采用更加方便、安全、准确的一次性塑料制移液管。

　　配合移液管使用从而实现较大体积液体操作的常用工具是洗耳球或者电动移液器。如今绝大多数用户使用的是电动移液器,但电动移液器是采用手动控制吸、排液操作,在排液末端,由于压力过小的原因,往往会有部分液体不能彻底排净,所以操作准确性往往较差,更适用于精确度要求不高的大体积液体操作,属于常量移液器。

　　(4)细胞冻存管

　　用于细胞的低温运输和储存的容器。常规的冻存管规格有 1.5mL、1.8mL、2.0mL、5.0mL。根据样本量及类型,还可以选择冻存袋等。根据盖子的设计,冻存管分为外旋冻存管和内旋冻存管(表 1-10)。

□ 表 1-10　冻存管区别

外旋冻存管	内旋冻存管
更适合超低温冰箱	适合液氮罐,内旋的管口硅胶垫设计,爆管概率低
适合于气相液氮罐	
降低样品处理时的污染概率	处理样品时污染概率高于外旋冻存管

（5）一次性细胞刮刀/铲刀

通常采用优质的聚乙烯材料加工成型，具有比较好的韧性，在收集细胞过程中保护细胞，是收集细胞的辅助工具。

（6）除菌过滤器

用于制备培养基或者与细胞接触的相关试剂，孔径通常为 $0.22\mu m$ 或 $0.1\mu m$。根据待过滤样品的体积，可以选择不同的过滤器材，比如针头滤器、顶式滤器等。

（7）吸头

最常用的一次性的消耗品，应用于分子生物学和基因学研究，其在移液器和样品之间有效形成保护结构，保证吸样和分样的安全性。容量范围通常为 $0.1\sim5000mL$。

（8）其他耗材

细胞筛网、冻存盒、酒精灯、手套、无菌实验服、消毒水、液体储存瓶。

任务1 培养基的准备

常用的昆虫细胞培养基：TC-100、Grace、BML-TC/10、IPL-41、M&M、MGM-443、M-GM-448、MGM-450、MM、Schneider 等。以 TC-100 培养基为例说明其配制步骤。

TC-100 培养基的配制（以配制 1L 为例），方法如下：

① 在 1L 烧杯中加入 500mL 超纯水，加转子，置于磁力搅拌器上搅动。

② 将 TC-100 昆虫细胞专用培养基干粉在室温下缓慢地倒入烧杯中。

③ 用超纯水润洗培养基包装瓶，使瓶中全部培养基粉末溶于水中，并倒入烧杯。

④ 待培养基完全溶解后依次称取 0.35g 的 $NaHCO_3$、一定量海藻糖以及酵母抽提物倒入烧杯中充分溶解。注意在加入试剂前要保证前一个试剂已完全溶解。

⑤ 加入超纯水，将溶液体积补至 900mL 左右，继续搅拌使培养基混合均匀。

⑥ 用 1mol/L 的 NaOH 和 1mol/L 的 HCl 溶液调节培养基 pH 值至 6.3。

⑦ 用 1L 容量瓶定容培养基，之后在生物安全柜中使用 $0.2\mu m$ 孔径滤膜进行无菌过滤。过滤使用的滤器及玻璃培养基瓶均需要经过 121℃ 恒温高压灭菌 20min。

⑧ 过滤后的培养基分别添加 100mL 的新生牛血清和 100mL 的胎牛血清，混匀后于 4℃ 低温保存。

任务 2　细胞的复苏与冻存

1. 冻存

① 选择指数生长期的昆虫细胞作为冻存样品，将细胞传代至 250mL 培养瓶（瓶底贴壁面积为 75cm²），以便扩增细胞数量。镜检及活力分析（活力达到 90％以上）确定细胞生长状态良好后进行冻存操作。

② 收集细胞，以 1500r/min 的速率离心 5min，弃上清液。之后用含血清的新鲜培养基重新悬浮细胞，并控制细胞密度到 $3×10^6$ 个/mL 以上。

③ 向细胞液中加入 10％的 DMSO 冻存保护液（100mL 细胞液加入 10mL DMSO），混合均匀后将细胞液分装至 2mL 冻存管中，每管 1mL 细胞液，旋紧冻存管盖并在管身做标记。

④ 将封装好的冻存管放入程序降温盒，置于-80℃低温冰箱中过夜。最后，迅速将冻存的样品转移至-196℃液氮罐长期保存。

2. 复苏

① 提前准备 30℃恒温水浴，将冻存管从液氮罐中取出用支架支撑后放入水浴中复苏。

② 复苏过程中轻轻晃动冻存管，确定细胞液全部融化后立刻取出。

③ 在生物安全柜中将解冻的细胞液全部转移至预先添加好培养基的培养瓶中，混匀后取样测细胞活力。置于 27℃恒温培养箱中培养。

④ 复苏第 2 天，待细胞全部贴壁后，轻轻吸取培养瓶中全部培养基，并补加新鲜培养基，以便除去残留的冻存保护剂 DMSO。

任务 3　细胞的传代

将原代培养的细胞重新接种到另外的培养皿中，再进行培养称为传代培养。传代的初期，细胞生长较慢，传至 5～10 代以后，生长速度明显加快。待传代培养细胞生长稳定后，每 3～7d 以 1∶4 到 1∶5 的比率传代 1 次。随着传代的进行，细胞趋于纯化，形态趋于同一。对昆虫细胞而言，传代 10～20 次之后，生长就已经基本稳定。

1. 贴壁生长细胞传代

① 及时观察细胞的生长状态，当细胞贴满瓶底、细胞边缘透亮时进行传代培养操作。

② 用 5mL 移液器缓慢吸起培养瓶中液体，轻轻吹打贴附于瓶底的细胞，使细胞悬浮于培养基中。吹打次数不能太多，以免造成细胞破碎死亡。

③ 将 2mL 吹打后的细胞悬液转移至新培养瓶中，并分别在原瓶和新瓶中补加 3mL 新鲜培养基，于 27℃ 恒温培养箱中继续培养。

④ 新瓶和原瓶均标记已传代时间及代数，此后每次分瓶培养均进行代数累计。

2. 悬浮生长细胞的传达

① 混匀细胞以 2:1 的比例分瓶。

② 每瓶各加入一半新鲜培养基。

任务 4　细胞的计数

计算细胞数目可用血细胞计数板或是粒子计数器自动计数。血细胞计数板一般有两个计数室，每个计数室中细刻 9 个 $1mm^2$ 大正方形，其中 4 个角落的正方形再细刻 16 个小格，深度均为 0.1mm。当计数室上方盖上盖玻片后，每个大正方形的体积为 $1mm^2 \times 0.1mm = 0.0001mL$。使用时，计数每个大正方形内的细胞数目，乘以稀释倍数，再乘以 10000，即为每毫升中的细胞数目。

细胞存活测定：显微镜观察细胞形态很难辨别活细胞与死细胞，但是染料会渗入死细胞中而呈色，而活细胞因细胞膜完整，染料无法渗入而不会呈色，因此，可以利用细胞染色技术来测定细胞存活率。一般使用锥虫蓝染料。

计算细胞活率：活细胞数/(活细胞数+死细胞数)×100%。计数应在锥虫蓝染色后数分钟内完成，随时间延长，部分活细胞也开始摄取染料；因为锥虫蓝对蛋白质有很强的亲和力，用不含血清的稀释液，可以使染色计数更为准确。

1. 材料

0.4% 质量浓度锥虫蓝，血细胞计数板，盖玻片，低倍倒立显微镜，粒子计数器。

2. 步骤

① 取 50μL 细胞悬浮液与 50μL 锥虫蓝等体积混合均匀于 1.5mL 离心管中。

② 取少许混合液（约 15μL）自血细胞计数板计数室上方凹槽加入，盖上盖玻片，于 100 倍倒立显微镜下观察，活细胞不染色，死细胞则为蓝色。

③ 计数四个大方格的细胞总数，再除 4，乘以稀释倍数（至少乘以 2，因与锥虫蓝等体积混合），最后乘以 10000，即为每毫升中细胞悬浮液之细胞数。若细胞位于线上，只计上线与右线之细胞（或计下线与左线之细胞）。

注：4 大格细胞总数×稀释倍数×10000/4＝细胞数/mL；每一大格的体积＝0.1cm×0.1cm×0.01cm＝0.0001mL。

计数板计数时，最适浓度为 5～100000 个/mL，此范围外计数误差偏大。高浓度细胞悬液，可取出部分做稀释或连续稀释后计数。

3. 范例

将单层培养的 BmN 细胞制成 10mL 细胞悬浮液，取 0.1mL 溶液与 0.1mL 锥虫蓝混合均匀于试管中，取少许混合液加入血细胞计数板，计数四大方格内的细胞数目。

活细胞数/方格：55、62、49、59；死细胞数/方格：5、3、4、6；细胞总数＝243。

平均细胞数/方格＝60.75；稀释倍数＝2。

细胞数/mL：60.75×10000×2(稀释倍数)＝1.22×1000000

细胞数/瓶（10mL）：1.22×1000000×10mL＝1.22×10000000

存活率：225/243＝92.6%

4. 要点

① 计数板和盖玻片擦拭好，绸布拭干。

② 充分混匀细胞悬液（细胞活力高时，不必用锥虫蓝染色）。

③ 吸管取 1 滴至计数板：吸管吸取细胞，让吸管在计数板一侧的凹槽处流出液体，至盖玻片被液体充满为止，不要溢出盖玻片，也不要过少或带气泡（10μL 可被虹吸作用吸入且铺满计数板）。移液器（20μL 的微量加样器）吸取 20μL 细胞悬液至计数板边缘，液体经虹吸作用进入凹槽。

④ 静置 30s。

⑤ 在显微镜下观察（10×物镜），2 个以上细胞组成的细胞团按一个细胞计算，压线的细胞只计上线和右线者（防止细胞被重复计数）。

考核与评价

1. 考核

（1）细胞复苏的方法。

（2）细胞计数的方法。

2. 教师评价

（1）理论基础得分：＿＿＿＿＿＿＿＿＿＿＿＿＿＿＿；

（2）实验操作得分：＿＿＿＿＿＿＿＿＿＿＿＿＿＿＿；

（3）总体评价：＿＿＿＿＿＿＿＿＿＿＿＿＿＿＿＿＿。

参考文献

Guy S，Cynthia L，Goodman，et al. Insect cell culture and applications to research and pest management [J]. In Vitro Cell. Dev. Biol. -Animal，2009，45：93-105.

项目三　外源蛋白在昆虫细胞中的表达与检测

背景知识

在过去的几十年中，重组蛋白生产已成为生物技术研究与应用中不可或缺的工具。杆状病毒表达系统由于具有很好的蛋白翻译后修饰、可插入基因片段大及安全性高等优点得到了广泛应用，特别是对于难以表达的蛋白质，例如膜蛋白或通过复杂的二硫键模式稳定的重糖基化多结构域蛋白，提供了重要的优势。

任务1　绿色荧光蛋白在家蚕卵巢细胞的瞬时表达

绿色荧光蛋白（green fluorescent protein，GFP）作为一种新型的报告基因已在生物学的许多研究领域得到应用。利用绿色荧光蛋白独特的发光机制，可将GFP作为蛋白质标签，利用DNA重组技术，将目的基因与GFP基因构成融合基因，转染合适的细胞进行表达，然后借助荧光显微镜便可对标记的蛋白质进行观察。

1. 材料及主要仪器

（1）细胞系及主要试剂

家蚕（*Bombyx mori*）卵巢细胞系BmN，用含有10％胎牛血清的TC-100培养基于27℃细胞培养箱常规培养。GFP及AP标记的二抗、蛋白预染marker、转染试剂Entranster-H4000、抗生素Zeocin等可以直接购买。

（2）溶液配制

30％丙烯酰胺：将58g丙烯酰胺和2g N,N-亚甲基双丙烯酰胺溶于总体积为160mL的ddH_2O中，可以在37℃水浴锅中加速溶解，然后定容至200mL。用0.45μm孔径的滤器过滤。放置于棕色瓶中保存。

10％过硫酸铵（APS）：称取1g过硫酸铵溶解于9mL ddH_2O中，分装至小管中，-20℃保存备用。

Tris-Cl（1.5mol/L，pH 6.8）：称取12.1g Tris，加入80mL ddH_2O中，使用浓盐酸将pH调至6.8，补充ddH_2O至100mL，室温保存备用。

Tris-Cl（1.5mol/L，pH 8.8）：称取 18.15g Tris，加入 80mL ddH$_2$O 中，使用 1mol/L 的盐酸调节 pH 至 8.8，补充 ddH$_2$O 至 100mL，室温保存备用。

10％ SDS：称取 10g SDS 溶于 90mL ddH$_2$O 中，可在 37℃水浴锅中促进溶解，补加 ddH$_2$O 至 100mL，室温保存备用。

10×电泳缓冲液：称取 30.2g Tris、144g Gly（甘氨酸）、10g SDS，加 ddH$_2$O 定容至 1L。电泳前用 ddH$_2$O 稀释至 1×使用。

SDS 上样缓冲液（5×）：称取 2g SDS、0.1g 溴酚蓝、10mL 甘油、2.926mL β-巯基乙醇，用 250mmol/L Tris-Cl（pH 6.8）定容至 20mL，每管分装 1mL，−20℃保存备用。

考马斯亮蓝染色液：称取考马斯亮蓝 0.2g、84mL 乙醇、20mL 冰醋酸，加 ddH$_2$O 定容至 200mL，过滤备用。

考马斯亮蓝脱色液：量取乙醇 100mL、冰醋酸 50mL，加 ddH$_2$O 定容至 1L。

10×转膜缓冲液：准确称取 58.147g Tris 碱、29.277g 甘氨酸，加入 800mL 去离子水，放置磁力搅拌器上混合搅拌，待全部溶解后，加去离子水定容至 1L。转膜时，取 100mL 10×转膜液，加入 100mL 甲醇，用去离子水定容至 1L 使用。

封闭缓冲液：准确称取脱脂奶粉 1.5g，加入 20mL 1×TBS 缓冲液，混合摇匀，待脱脂奶粉全部溶解后用 1×TBS 缓冲液定容至 30mL，现用现配。

10×TBS 缓冲液：称量 80.06g NaCl、24.23g Tris 碱置于 1L 烧杯中，向烧杯中加入约 800mL 的 ddH$_2$O，使用磁力搅拌器充分搅拌溶解，用浓盐酸调 pH 至 7.6，加 ddH$_2$O 将溶液定容至 1L 后，室温保存。使用时取 100mL 母液，加入 900mL 去离子水配制成 1×溶液。

TBST 缓冲液：取 100mL 10×TBS 缓冲液，加入 900mL 去离子水，再加入 1mL Tween-20 后充分混匀，室温保存。

抗体稀释液：取 1mL 封闭缓冲液加入 9mL 1×TBS 缓冲液，再按照抗体说明书加入一定比例的抗体，现用现配，4℃保存。

BCIP（5-溴-4-氯-3-吲哚基磷酸盐）显色液：称取 15mg BCIP 溶解于 1mL 100％的 N,N-二甲基甲酰胺（DMF）中混匀，放置于 4℃避光保存。

NBT（氯化硝基四氮唑蓝）显色液：称取 33mg NBT 溶解于 1mL 70％的 N,N-二甲基甲酰胺（DMF）中混匀，放置于 4℃避光保存。

碱性磷酸酶显色液：分别取 10μL BCIP 和 NBT 于 1mL Buffer Ⅰ中，混匀，用于显色。其中 Buffer Ⅰ为 pH 9.5，含 0.1mmol/L NaCl、5mmol/L MgCl$_2$。

结合缓冲液（0.15mol/L NaCl、20mmol/L Na$_2$HPO$_4$）：准确称取 4.4g NaCl、1.42g Na$_2$HPO$_4$，加入 800mL ddH$_2$O，充分搅拌混匀后，使用 ddH$_2$O 定容至 1L，检测 pH 应在 7.4。

（3）主要仪器

细胞培养箱，NanoDrop-1000 分光光度计，Bio-Rad 垂直电泳仪，奥林巴斯荧光倒置显微镜。

2. 步骤

（1）表达 EGFP（增强型绿色荧光蛋白）的载体的构建

pIZ/V5-egfp 构建方法见项目一。简言之，利用限制性核酸内切酶消化 pEGFP-N1（Clontech）载体，回收 *egfp* 基因目的条带，并将其与载体 pIZ/V5-His（Invitrogen）进行双酶切后连接，转化大肠埃希菌 DH10b 感受态细胞，经 Zeocin 抗生素筛选、双酶切鉴定后，提取重组质粒 DNA（pIZ/V5-egfp），并测定浓度。

（2）质粒浓度的测定

① 清洁测量基座

Nanodrop 仪见图 1-6。

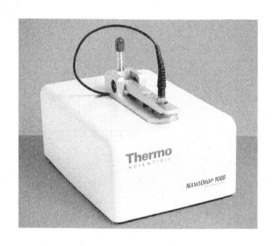

图 1-6 Nanodrop 仪

打开取样臂，滴入 $1\sim2\mu L$ ddH$_2$O 在测量基座表面，关闭取样臂，启动电脑桌面上的 ND-1000 V3.7.1 软件，在初始界面选择测量样品属性，启动后在弹窗 "Ensure sample pedestals are clean and then load a water sample. After loading water sample, click OK to initialize instrument" 中选择 "OK"，启动清洁测量基座（图 1-7）。

② Blank 对照

清洁结束后，清除基座表面残留液体，再滴入 $1\sim2\mu L$ 的样品溶剂作为空白对照，关闭取样臂，在界面 Sample Type 处选择样品类型 "DNA-50、RNA-40、ssDNA-33 或者 Other"，然后点击界面左上角 "Blank" 按钮进行对照调零，调

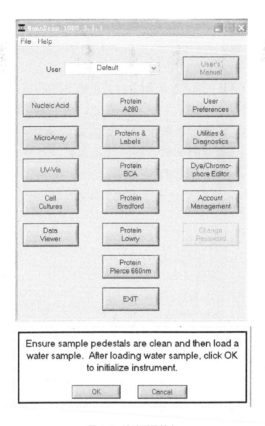

图 1-7 清洁测量基座

零结束后，右下角浓度显示处显示为"0.0"（图 1-8）。

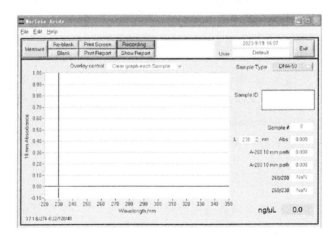

图 1-8 Blank 对照

③ 样品测量

擦除基座表面液体，滴入 1～2μL 的样品溶液，关闭取样臂，点击左上角"Measure"或者键盘"F1"按钮进行样品测量。测量结束后，右下侧显示样品的浓度，单位为 ng/μL 以及各个参数指标，包括 A260/280、A260/230 等用于评估样品质量（图 1-9）。

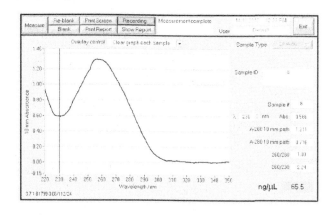

图 1-9 样品测量

④ 关闭仪器

测量结束后清除基座上样品溶液，滴入 1～2μL ddH₂O 在测量基座表面进行清洗，清洗完成后，关闭取样臂，在电脑界面点击"Exit"按钮退出仪器操作软件。

（3）BmN 细胞的转染及收集

① 提前 24h 将生长状态良好的 BmN 细胞铺到 6 孔板中，细胞最宜的密度为 $1×10^6$ 个/mL。

② 把 2μL 的转染试剂用 25μL 不含有血清的培养基稀释，充分混合后，常温静置 5 分钟。

③ 将 0.2μg 的重组质粒用 25μL 的不含有血清的培养基稀释，充分混合制成 DNA 稀释液。

④ 将以上两种稀释液充分混合，室温静置 15min。

⑤ 将制备好的混合液加入 24 孔板中，轻轻混匀。

⑥ 72h 后，置于荧光显微镜下观察。

⑦ 随后在无菌操作台用玻璃吹管将培养基与细胞吹起，转移至 15mL 离心管中，4000r/min 离心 30min，将管中沉淀转移至新的 15mL 离心管中，－20℃保存。

（4）转染细胞荧光观察

① 开机

从左往右依次打开 U-HGLGPS 光导耦合照明系统（按键 ON/OFF）、显微镜电源 CBH 和触摸屏开关。如需拍照，打开电脑和显示器开关（图 1-10）。

图 1-10 荧光倒置显微镜

② 样品定位

将待观察样品固定于载物台上，点击触摸屏上"Start Operation"按钮启动操作，选择触摸屏界面上方 10×物镜，转动 X/Y 轴旋钮和粗准焦螺旋在显微镜视野中找到待观察主体，用细准焦螺旋调整视野清晰度。此时"Mirror"显示为白光"5 NONE""EPI1"的"CLOSE"开关处于开启状态，"DIA"的"CLOSE"开关处于关闭状态（图 1-11）。

③ 绿色荧光蛋白的观察

点击触摸屏按钮将"Mirror"界面从"5 NONE"调整为"2 U-FBA A"，再关闭"EPI1"的"CLOSE"开关，即打开绿色激发光，然后打开"DIA"的"CLOSE"开关，关闭白光背景，此时视野中只显示带有绿色荧光的样品细胞，可以通过调整细准焦螺旋进一步调整荧光清晰度。

④ 拍摄图片

启动电脑桌面上的"cell Sens Dimension"软件，单击左上角的"实时观察"按钮，选择"BF"选项，调整曝光时间即可观察到白光背景下的细胞状态，然后单击"FITC"选项，调整曝光时间即可观察到带有绿色荧光的细胞。设定好采集设置中的保存路径，单击左上角的"拍照"进行图像采集。

⑤ 关闭仪器

实验结束后，整理好样品，从右往左依次关闭触摸屏、显微镜电源 CBH 和 U-HGLGPS 光导耦合照明系统（按键 ON/OFF），退出软件操作界面，电脑关机（图 1-12）。

（5）SDS-PAGE 制备及电泳

① 洗净玻璃板，自然晾干水分，组装电泳槽，用缓冲液检验密封性。

图 1-11 样品定位

图 1-12 关闭仪器

② 配置分离胶：1.9mL ddH$_2$O，1.7mL 30％聚丙烯酰胺，1.3mL 1.5mol/L Tris-HCl（pH 8.8），0.05mL SDS，0.05mL 10％ APS，0.002mL TEMED（四甲基乙二胺）。将分离胶灌入玻璃夹层中，用纯水封平，待分离胶凝固后，倒掉管中纯水，用滤纸条吸干夹层中的水分。

③ 配置浓缩胶：2.1mL ddH$_2$O，0.5mL 30％聚丙烯酰胺，0.38mL 1.0mol/L Tris-HCl（pH 6.8），0.03mL SDS，0.03mL 10％ APS，0.003mL TEMED。混匀后灌入玻璃夹层中，且防止气泡产生，并加上梳子。

④ 转染细胞样品加 1.5×Loading buffer（上样缓冲液）混匀。95℃金属浴 10min。12000r/min 离心 2min。将板子在电泳槽中安装好，配制新的电泳缓冲液（100mL 10×Running buffer 电泳缓冲液＋900mL ddH$_2$O），倒入电泳槽中，没过凝胶和电极，平行拔梳子，取离心好的细胞样品上样，顺序从左至右依次为：5μL 蛋白 marker，健康细胞样品，转染细胞样品。

⑤ 接通电源，用 100V 电泳 60min，待蓝色指示剂所在条带跑出浓缩胶，用 120V 继续电泳 60min，待蓝色标记条带快跑到凝胶底端时断开电源。取出胶，切除浓缩胶，进行转膜。

（6）western blot 免疫印迹

① 转膜：将样品经 SDS-PAGE（SDS-聚丙烯酰胺凝胶）电泳分离后，取出凝胶。将事先准备的 PVDF（聚偏氟乙烯）膜放入甲醇溶液中浸泡 1min，依次在转膜的夹子两侧放上海绵、三层滤纸，紧接着放上凝胶、PVDF 膜，整个过程要避免产生气泡，放置完成后，根据电极的方向，将安装好的转膜夹子安装在干净的转膜电泳槽中，加入转膜液淹没转膜夹子上端，设置转膜电压时间 100V 1h，若为两块 PVDF 膜，则增加 30min。

② 封闭：事先配制 5％脱脂奶粉（脱脂奶粉用 1×TBS 溶解）封闭液，转膜结束后，小心取出 PVDF 膜放于封闭液中，在摇床封闭，时间为 2h，封闭结束后，加入 1×TBST 清洗 PVDF 膜，10min，清洗 3 次。

③ 杂一抗：稀释液的配方是 1 体积的 5％脱脂奶粉加入 9 体积 1×TBST 中，接下来将抗体按说明书要求加入稀释液中，再将漂洗后的 PVDF 膜放入加了抗体的稀释液中，摇床上缓慢孵育 2h 或 4℃过夜，除去抗体稀释液，加入 1×TBST 漂洗，10min，漂洗 3 次。

④ 杂二抗：将抗体按照说明书要求加入稀释液中，接下来放入 PVDF 膜，摇床上缓慢振荡 1h，除去抗体稀释液，加入 1×TBST 漂洗，10min，漂洗 3 次。

⑤ 显色，漂洗后，PVDF 膜放入事先配制好的显色液中，摇床缓慢振荡，看到目的蛋白条带，立即除去显色液，加入去离子水，终止反应，扫描保存图片。

3. 注意事项

① 高质量的 DNA 对于进行高效的转染至关重要。转染的质粒一定纯度好、

浓度高、无内毒素。

② 用于转染的细胞要处于对数生长期，贴壁细胞转染的密度以 70%～90% 为宜。

任务2 萤光素酶在家蚕卵巢细胞的分泌表达

许多蛋白需要分泌到胞外或定位于膜上才能够发挥其生物学功能，需由宿主细胞表达后分泌到胞外培养基中，或者锚定到膜上。而任务2中绿色荧光报告基因则是在胞内表达富集。分泌型表达的蛋白不需要破碎细胞，方便收集并纯化外源蛋白。任务2将构建家蚕杆状病毒膜融合蛋白GP64的信号肽引导重组分泌型碱性萤光素酶报告基因的表达载体，通过转染家蚕卵巢细胞系 BmN，收集细胞培养液，检测和比较重组蛋白在 BmN 细胞系中的表达水平。

1. 材料及主要仪器

（1）细胞系及主要试剂

家蚕（*Bombyx mori*）卵巢细胞系 BmN，用含有 10% 胎牛血清的 TC-100 培养基于 27℃ 细胞培养箱常规培养。萤光素酶检测试剂盒购自南京诺唯赞生物科技股份有限公司。转染试剂 Entranster-H4000 购自北京英格恩生物科技有限公司。

（2）溶液配制

参考任务1。

（3）主要仪器

细胞培养箱，Luminometer20/20n 生物化学发光检测仪。

2. 步骤

（1）载体构建

pIZ/V5-SP-Luc 质粒构建：通过 PCR 扩增 *Luc* 基因，1% 的琼脂糖凝胶电泳之后，胶回收获得目的基因，用 *Xho* I 和 *Not* I 分别酶切 Luc 和 pIZ/V5（Invitrogen 公司），酶切并胶回收，用 Solution I 连接酶将载体与目的片段连接，随后转化到 DH10B 感受态细胞，挑单克隆，摇菌，提质粒，用 *Xho* I 和 *Not* I 双酶切鉴定重组质粒 pIZ/V5-SP-Luc。

（2）细胞转染

同任务1。

3. 生物化学发光检测仪单萤光素酶活性检测

（1）检测前细胞处理

将带有 Luciferase 质粒转染 BmN 细胞，在特定时间内分别收集细胞培养液及细胞样品。

以 24 孔板为例：将细胞培养液收集至 EP 管中，随后用 $120\mu L$ 裂解液处理细胞 15min，收集至新 EP 管。将细胞培养液和细胞裂解液 12000r/min 离心 5min，再分别将离心后的上清液取 $4\mu L$ 移至新 EP 管中，12000r/min 离心 2min。参照单萤光素酶检测试剂盒的说明，将 $4\mu L$ 的细胞培养液及细胞裂解液分别与 $20\mu L$ 底物混合，轻微吹打 6 下，立即用 Luminometer20/20n 生物化学发光检测仪（图 1-13）检测萤光素酶活性。

图 1-13 Luminometer20/20n 生物化学发光检测仪

（2）启动仪器系统

打开仪器开关，盖好仪器盖子，按照"Tools—Settings—Reset"的顺序点击屏幕按钮，启动系统。

（3）萤光素酶检测

启动结束后，按照"Protocols—Run Promega Protocol"的顺序点击屏幕按钮，进入萤光素酶检测选项页面。点击"LUC-0-INJ"框选择单萤光素酶检测（若要进行双萤光素酶检测则选择"DLR-0-INJ"框），点击"OK"进入测量页面（图 1-14）。

（4）样品测量

将装有混合液的 EP 管打开盖子放入仪器底座中，在保证仪器触头可完全伸入 EP 管的前提下轻轻合上仪器盖子，点击屏幕右上角"MEASURE LUMI-NESCENCE"框进行测量。待底部进度条完成后屏幕即自动获取本次荧光强度读数（图 1-15）。

（5）关闭仪器

测量结束后取出基座上样品，按照"Tools—Settings—Reset"的顺序点击屏幕按钮重启系统清除数据，关闭仪器电源。

4. 注意事项

① 表达分泌蛋白设计引物时要引入合适的信号肽。

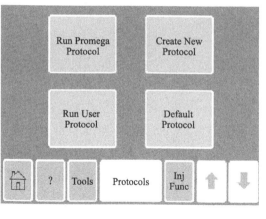

图 1-14 检测

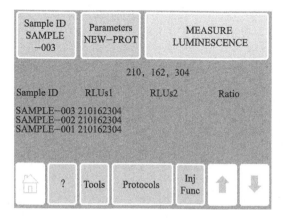

图 1-15 样品测量

② 萤光素酶报告基因检测液工作液建议现用现配，一20℃存放不能超过 15 天，反复冻融 6 次活性≤15％。

任务 3　表达病毒样颗粒（昆虫细胞-杆状病毒表达载体应用）

杆状病毒（baculoviruses）是一类感染节肢动物的病原微生物，其主要宿主为鳞翅目、双翅目和膜翅目昆虫，有些杆状病毒也可以感染甲壳纲的节肢动物。杆状病毒基因组为环状双链 DNA，杆状病毒的一个显著特征是具有双向复制周期，产生两种不同表型的病毒粒子：包埋型病毒粒子（occlusion derived virion，ODV）和芽生型病毒粒子（budded virion，BV）。ODV 负责病毒在昆虫体外的稳定性及对昆虫中肠细胞的感染，而 BV 没有被包埋，负责病毒在昆虫体内组织细胞间的传播。

病毒样颗粒（virus-like particle，VLP）基因工程疫苗因具有与天然病毒衣壳蛋白相似或相同的空间构型及抗原表位，并且不含病毒的基因组，不具有病毒恢复的风险以及具有完整的免疫原性和较高的安全性而被广泛应用。目前利用 VLP 成功研制的疫苗有人乳头瘤病毒、乙型肝炎、丙型肝炎的疫苗等。杆状病毒/昆虫细胞表达系统由于其基因组可插入较大片段的外源基因，对人畜安全，有较好的蛋白质翻译后修饰及多角体蛋白基因和 *P10* 基因强大的启动子功能等优点，被视为商业化应用生产 VLP 疫苗的首选表达载体系统。利用苜蓿银纹夜蛾核型多角体病毒（Autographa californica multiple nucleopolyhedrovirus，AcMNPV）与昆虫细胞 Sf9 生产的人乳头瘤病毒疫苗 Cervarix（葛兰素史克公司）及流感 VLP 疫苗 Flublok（蛋白质科学公司）已获美国食品和药物管理局（FDA）批准。

早期构建重组病毒使用的方法是同源重组，将病毒 DNA 与转移载体共转染昆虫细胞，通过空斑纯化获得重组病毒，缺点是重组率低（0.1％），试验周期长，重组病毒的筛选困难。Luckow 等人构建了一种以转座子介导的新型杆状病毒表达系统，即 Bac-to-Bac 表达系统，也称为 Bacmid 系统。其原理是在杆状病毒基因组中加入可以在大肠埃希菌中复制的 mini-F 复制子，使其成为可在大肠埃希菌和昆虫细胞中复制的穿梭载体。基因组中多角体蛋白基因被带有 mini-F 复制子和 Tn7 转座子结合位点的序列所替代。外源基因可以在辅助质粒提供的转座酶的帮助下在 Tn7 转座子结合位点（*att* Tn7）发生转座，从而将外源基因序列导入 Bacmid DNA 中，形成重组的杆状病毒（图 1-16）。

1. 材料及主要仪器

（1）细胞系及 Bacmid（杆状病毒质粒）

家蚕卵巢细胞系 BmN，用含有 10％胎牛血清的 TC-100 培养基于 27℃细胞

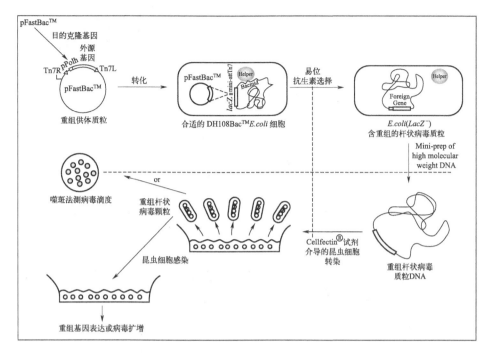

图 1-16 利用 Bac-to-Bac 系统构建重组病毒及表达外源基因

Luckow et al., 1993，选自 http://www.invitrogen.com

培养箱常规培养。家蚕杆状病毒质粒（BmBacJS13）是来源于家蚕核型多角体病毒陕西分离株的穿梭载体，由农业农村部蚕桑遗传改良重点实验室提供。

（2）主要仪器

细胞培养箱，流式细胞仪等。

2. 步骤

（1）VLP 生产流程图

生产流程图见图 1-17。

（2）载体构建

以表达猪伪狂犬病病毒（Pseudorabies virus，PRV）的主要核衣壳蛋白为例，演示杆状病毒-昆虫细胞生产 VLP 的过程。参照分子克隆方法，扩增 PRV 的主要衣壳蛋白基因 VP5、VP26 及 pUL25，将扩增的基因克隆至 Bac-to-Bac 系统的供体质粒 pFastBacTM 中，酶切鉴定正确后，备用。

（3）重组 Bacmid DNA 构建及提取

① 含有 Bacmid 和 helper 的 DH10B 感受态细胞制备及转化

由于 DH10B 携带有 Bacmid 和 helper，而 Bacmid 含有 Kana（卡那霉素）抗

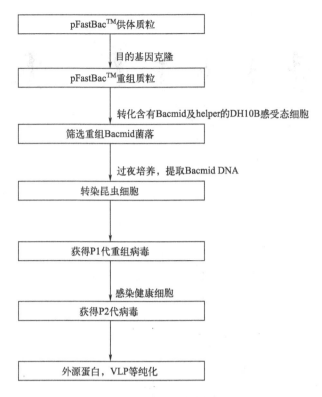

图 1-17 利用杆状病毒生产 VLP 的流程图

性基因，而 helper 含有 Amp（氨苄青霉素）抗性基因，因此制备感受态细胞步骤主要参照分子克隆部分，做以下调整，制作固体培养基及液体培养基时，制作感受态细胞需添加抗生素 Kana 和 Amp。转化含有外源基因的供体质粒后还需添加庆大霉素（Gent）。

②重组 Bacmid DNA 提取

经 Kana、Amp 和 Gent 筛选，蓝白斑筛选后，按以下步骤提取 Bacmid DNA。

a. 在超净台中，在无菌的 LB 液体培养基中按照 1∶1000 比例加入适量的 Amp、Kana，然后将菌落 PCR 鉴定正确重组 Bacmid 菌落的稀释液，按照 1∶1000 比例转接到 LB 液体培养基中，37℃摇菌，培养 15～16h。

b. 取无菌的 EP 管，在侧面标注菌液名称，将相应的菌液倒入，12000r/min 1min，缓慢倒掉上清，收集底部沉淀的菌体。

c. 用 4℃预冷的 250μL Solution Ⅰ彻底悬浮 EP 管底部的菌体。

d. 室温静置 2min，在 EP 管中加入现配的 250μL Solution Ⅱ，慢慢颠倒混匀，会发现菌液变半透明，静置 3～5min。

e. EP 管中再加入 300μL Solution Ⅲ，慢慢颠倒混匀，防止产生的白色团状沉淀断裂为絮状，在冰上静置 10min 后，12000r/min 离心 15min。

f. 小心吸取（尽量不要吸到白色沉淀）750μL 上清至新的 EP 管中，接下来，加入相应体积的苯酚、氯仿、异戊醇，去除蛋白，在涡旋振荡器上涡旋 10min 混匀，接下来 12000r/min 离心 15min，缓慢取出，避免摇晃。

g. 吸取上清 500μL 至新的 EP 管中，再加入 500μL 的预冷的异丙醇，上下颠倒混合均匀后，放置在冰盒中 10min，离心机设置为 12000r/min 15min。

h. 取出 EP 管，倒掉上清，加入已经提前预冷的 75% 乙醇 500μL，离心机 12000r/min 15min。

i. 倒掉上清，放置在提前加热的 50℃ 的金属浴中，加热干燥，5～10min，直到底部的 DNA 沉淀变为透明状。

j. 在 EP 管底部加入 50μL 预热的无菌水，使底部的 DNA 沉淀溶解，再加入 0.5μL Rnase（核糖核酸酶），将金属浴温度设置为 60℃，孵育 0.5h，测定核酸浓度后标注名称时间，冰箱 -20℃ 备用。

（4）细胞转染及感染

① 转染

同任务 1。在转染后 72h 收集上清，将细胞悬浮液 4000r/min、离心 15min 取上清，得到 BV 粒子 P1 代，测定病毒滴度。

② 病毒滴度测定

a. 铺板（细胞密度以 10^5 个/孔为宜）：正常培养的细胞取 50μL 细胞悬液于 96 孔板中，混合均匀后 27℃ 过夜培养。

b. 加入病毒：将 BV 样品混合均匀后，按照 10 倍稀释设置 8 个浓度梯度，每个浓度梯度设置 6 个重复，取 50μL 加入 96 孔板中，混匀后放于 27℃ 培养箱中继续培养。

c. 72h 后观察每个孔的荧光并进行统计，随后使用 Virus Growth Curve 3.0 计算病毒滴度。

③ 细胞感染

提前准备大量的细胞，在细胞中加入 5 个感染复数的 P1 代病毒，感染 72h 观察病毒扩增情况，至细胞 90% 都发生病变后，收集上清，4000r/min，离心 15min，收集病毒，4℃ 避光保存。

④ VLP 的纯化

0.45μm 滤器过滤病毒粒子，再以 30% 的蔗糖作为垫子，在蔗糖上层缓慢加入病毒粒子（不要破坏蔗糖和病毒的分层），25000r/min，冷冻超速离心 1.5h，轻轻吸取含有 VLP 中间层液体。

⑤ 透射电镜观察 VLP

将吸取的悬浮液样品，用毛细吸管吸取，滴于带有支持膜的铜网上。根据悬液内样品的浓度，立即或放置数分钟后，用滤纸从液珠边缘吸去多余液体，即可滴上染液，染色时间 1～2min，而后即可用滤纸吸去染液，待干燥后放置于电镜观察。

3. 注意事项

① 提取 Bacmid DNA 时，需要用酚氯仿萃取蛋白，以保证 DNA 纯度，否则影响转染效率。

② 表达外源基因时，需要密码子优化。

任务 4　表达外源蛋白的稳定家蚕卵巢细胞系的筛选

稳定细胞系（stable cell line）是指可以在细胞中持续稳定表达目的基因的细胞系（cell line）。

相对于瞬时转换来说，稳定转染细胞是将携带目的基因、组成型启动子、抗性基因、筛选标记、表达增强子等一系列元件的质粒 DNA 整合到宿主细胞染色体上，使宿主细胞可长期表达目的蛋白。建立稳定的细胞系，是指对靶细胞进行筛选，根据不同表达载体中所含有的抗性标志选用相应的药物，或者是利用基因缺陷的原理进行筛选，最终获得稳定传代的细胞株。

1. 材料及主要仪器

（1）细胞系及表达质粒

家蚕卵巢细胞系 BmN 用含有 10％胎牛血清的 TC-100 培养基于 27℃细胞培养箱常规培养。

pIZ/V5 His 载体能在多种昆虫细胞中高水平表达外源蛋白，而且该载体具有几个显著特征，有助于在昆虫细胞中表达、分析和检测重组蛋白。比如：具有组成性表达的 OpIE2 启动子、可以利用 Zeocin™抗生素快速筛选稳定转染细胞系，并且 C 端含有 V5 表位和多组氨酸（6×His）标签，方便利用标签抗体检测目的蛋白的表达，并使用镍螯合树脂快速纯化外源蛋白。本任务将 *egfp* 基因克隆至 pIZ/V5 His 载体，获得 pIZ/V5-EGFP 重组质粒，演示稳定细胞系的构建及筛选过程。

（2）主要仪器

细胞培养箱，流式细胞仪，超净工作台等。

2. 步骤

（1）稳定表达 BmN 细胞株的构建策略

构建流程见图 1-18。

（2）细胞转染

① 提前一天将生长状态良好的细胞种植在 24 孔板中，密度在 60％左右

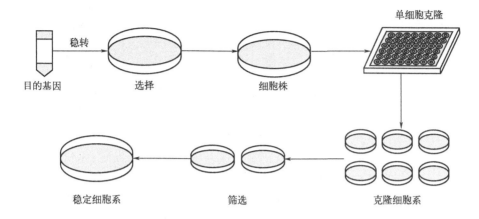

图 1-18　重组蛋白表达稳定细胞株的构建流程图

为宜。

②　稀释转染试剂：用 $25\mu L$ 无血清稀释液体将 $2\mu L$ 的 Entranster TM-H4000 稀释，充分混匀，制成稀释液，室温静置 5min。

③　稀释 DNA：用 $25\mu L$ 的无血清培养基将 $0.8\mu g$ 的五种质粒 DNA 分别稀释，充分混匀制成 DNA 稀释液。

④　制备转染复合物：将转染试剂稀释液与 DNA 稀释液进行混合，要充分混匀，室温静置 15min。

⑤　将制备好的转染复合物加入 24 孔板中，轻摇混匀。

⑥　转染 4h 后换培养基继续培养 72h。

（3）稳定细胞系筛选

参照 Invitrogen™ pIZ/V5-His 载体试剂盒（Thermofisher.cn），详见说明书，步骤如下。

①　BmN 细胞用含有 10％胎牛血清的 TC-100 培养基于 27℃培养。

②　将萤光素酶报告基因与信号肽（SP）融合构建重组质粒 pIZ/V5-SP-Luc，以 pIZ/V5-Luc 为对照。

③　将重组质粒分别转染至 BmN 细胞。

④　转染后 48h 后，移除转染溶液并更换新鲜培养基（无 Zeocin™）。

⑤　将细胞 1∶5 分裂并让细胞附着 15min，然后用适当浓度的 Zeocin™ 培养基替换，在 27℃下培养细胞，每 3～4d 更换一次选择性培养基，筛选 60d。

⑥　分离稳定表达的克隆细胞系，并进行萤光素酶的表达测定。

待转染 72h 后观察荧光，若视野内荧光达到 80％～90％后，将 Zeocin 按 1∶1000 的比例加入转染后的 24 孔板中，摇匀放置培养箱中培养。

每天观察视野内荧光情况，换培养基时逐渐增加 Zeocin 的比例直至使细胞系荧光比率达到 90％左右，并且长期稳定表达所转质粒。

筛选三个月后，细胞系可稳定传代培养，表明筛选成功。

（4）流式细胞技术分析稳定细胞系表达 EGFP 的比例

分别在转染后 72h、第三次传代及第十次传代后，将细胞样品收集，按照以下流程，利用 BD 流式细胞仪（图 1-19）测定荧光细胞比例。

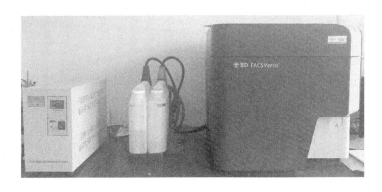

图 1-19　流式细胞仪

① 开机

a. 检查稳压器电源。

b. 检查鞘液桶和废液桶。确认鞘液桶内有鞘液。使用前确保废液桶有足够空间容纳本批标本排弃的废液。注意：仪器运行时最好不要进行此操作，请开机前检查。

c. 依次打开流式细胞仪 FACSuit 主机开关、电脑开关，等待流式细胞仪主机显示灯从闪烁的黄色变为绿色则表示预热成功（约 20min）。

d. 预热完成后打开 FACSuit 软件（用户名全小写），左下角显示 Connected 表示连接成功。

e. 正式检测样品前需对仪器进行清洗：

Cytometer→daily clean。将 3mL 稀释 10 倍 NaClO 原液溶液上样，点击继续，清洗管路。NaClO 溶液清洗完成，用 3mL 纯水清洗 2 次，去除管路中残留 NaClO。

f. 上述清洗完成后，开始测样。

② 测样

a. 在导航栏中点击 Experiments，Manage Experiments 界面打开，点击 New 创建一个新的实验（图 1-20）。

b. 选择 File＞Rename，重命名实验，以 6 色刺激实验为例，重命名为 Experiment _ 001。点击 OK（图 1-21）。

图 1-20 创建新的实验

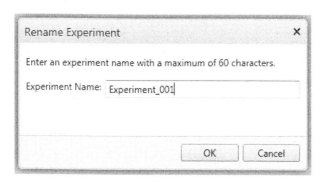

图 1-21 命名

c. 双击 Tube _ 001，打开 Tube 属性对话框，确认 Tube Settings 选择为 Lyse Wash 条件。如果需要更改，点击 Select 选择其他条件（图 1-22）。

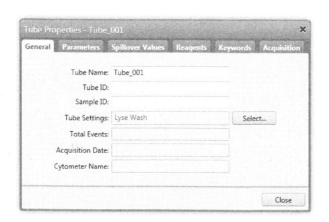

图 1-22 选择条件

d. 在 Parameters 界面选择本次实验所需的参数，将不会用到的通道选中，点击 Remove 删除，一般保留 FITC 和 PE 通道（图 1-23）。

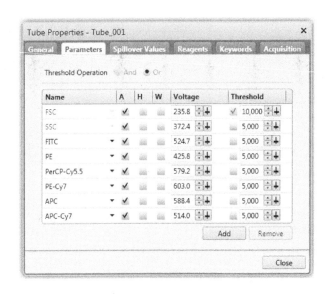

图 1-23　设置参数

　　每个新建的实验会包含一张默认的 FSC/SSC 散点图，点击工作表工具栏（Worksheet Toolbar）中 选取活细胞于 P1 门内，另外建立一个直方图，点击工作表工具栏（Worksheet Toolbar）中 创建点图按钮，右键点击横坐标，将横坐标参数更改为对应参数（如 GFP-A）。

　　③ 调节参数

　　每个新建的 Tube 会使用默认的 Lyse Wash 条件，对大部分细胞种类提供了一个非常好的起点。然而仍然需要针对不同的样本来调节这些设置。

　　a. 将未处理的样本管上样到手动上样支架上，当管子正确上样时，绿色 LED 灯熄灭。

　　b. 设置在 Tube _ 001；右键 Properties，在 Acquisition 选择 P1 门读取 10000 个细胞（图 1-24）。

　　c. 将正常细胞样品悬起插入进样器，点击 preview，调节电压 PMTV 后，点击 Acquire 在 10^3 后选择 P2 门 点击 NEXT 开始测实验组，将细胞样品悬起插入进样器，点击 Acquire（图 1-25）。

　　④ 添加统计报告

　　a. 在工作表工具栏中，选择统计按键 Σ 。

　　b. 在报告表中点击，添加一个统计框。

　　c. 右击统计框，选择编辑群体（Edit Populations）。

　　⑤ 关机

图 1-24 读取设置

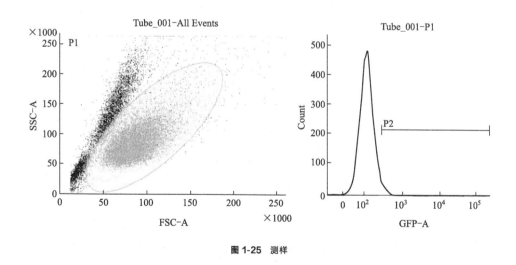

图 1-25 测样

a. 样品全部测试完成，执行 daily clean。将 3mL 稀释 10 倍 NaClO 原液溶液上样，点击继续，清洗管路。

b. NaClO 溶液清洗完成，用纯水 3mL 清洗 2 次，去除管路中残留 NaClO。

c. 清洗完成。点击 Cytometer 菜单中的 shut down，仪器状态灯由绿变黄，即可关闭电源，随后关闭电脑和显示器。

3. 实验结果分析

将携带 *egfp* 基因的质粒转染 BmN 细胞，转染后每次换培养基或者传代时适当增加 Zeocin 比例，分别在转染后 72h、第三次传代及第十次传代时，将细胞置于荧光倒置显微镜下拍照，并通过流式细胞仪统计荧光细胞比例。筛选超过 60d，若荧光比率达到 90%，并且能够长期稳定表达目标基因，表明稳定表达外源基因的细胞系筛选成功。

考核与评价

1. 考核

(1) 在动物细胞转染实验中如何能提高转染效率？

(2) Western blot 实验中显色条带很弱的原因有哪些？

(3) 聚丙烯酰胺凝胶电泳分离生物大分子的原理是什么？

(4) 简述分泌蛋白的合成和运输过程？

(5) Western blot 实验中显色条带很弱的原因有哪些？

(6) 杆状病毒-昆虫细胞表达系统是否能将多个外源基因同时表达？

(7) 杆状病毒-昆虫细胞表达系统表达的衣壳蛋白如何鉴定？VLP 是什么？

2. 教师评价

(1) 理论基础得分：＿＿＿＿＿＿＿＿＿＿＿＿＿＿＿；

(2) 实验操作得分：＿＿＿＿＿＿＿＿＿＿＿＿＿＿＿；

(3) 总体评价：＿＿＿＿＿＿＿＿＿＿＿＿＿＿＿＿＿。

参考文献

[1] Trager W. Cultivation of the Virus of Grasserie in Silkworm Tissue Cultures [J]. J Exp Med, 1935, 61 (4): 501-514.

[2] Wyatt S S. Culture in vitro of tissue from the silkworm, Bombyx mori L [J]. J Gen Physiol, 1956, 39 (6): 841-852.

[3] Gaw Z Y, Liu N T, Zia T U. Tissue culture methods for cultivation of virus grasserie [J]. Acta Virol, 1959, 3: 55-60.

[4] Grace T D. Establishment of four strains of cells from insect tissues grown in vitro [J]. Nature, 1962, 195: 788-789.

［5］ Tsai C H. Baculovirus as Versatile Vectors for Protein Display and Biotechnological Applications ［J］. Curr Issues Mol Biol，2020，34：231-256.

［6］ Luckow V A. Efficient generation of infectious recombinant baculoviruses by site-specific transposon-mediated insertion of foreign genes into a baculovirus genome propagated in Escherichia coli ［J］. J Virol，1993，67 （8）：4566-4579.

［7］ Homa F L. Structure of the pseudorabies virus capsid：comparison with herpes simplex virus type 1 and differential binding of essential minor proteins ［J］. J Mol Biol，2013，425 （18）：3415-3428.

项目四 外源蛋白在大肠埃希菌中的表达与纯化

📖 背景知识

T7 RNA 聚合酶（T7 RNAP）细菌表达系统是生产大量外源蛋白的最有效的系统之一。T7RNA 聚合酶具有高度启动子专一性，且只会转录 T7 噬菌体中位于 T7 启动子下游的 DNA 或 DNA 复制品，其合成 mRNA 的速度比普通大肠埃希菌的 RNA 聚合酶快 10 倍左右（图 1-26）。

将 lacUV5 启动子（Lac promoter）控制的编码 T7 RNAP 的基因（T7 gene1）插入 lambda DE3 中。将额外的 *LacI* 基因同样插入 lambda DE3 原噬菌体中，当在培养体系中添加 IPTG（异丙基-β-D-硫代半乳糖苷），诱导表达 T7 RNAP，T7RNAP 识别 T7 启动子，启动目的基因的表达。

任务 1 外源蛋白在大肠埃希菌中的表达

1. 材料与仪器

① 基因工程菌 BL21（DE3），pET28 表达质粒。

② IPTG 及 LB（Kan^r）培养基。

③ 摇床、离心机。

2. 表达方法

（1）表达载体

① 将编码目的蛋白质的基因克隆到与细菌宿主相容的表达载体。

② 考虑载体中编码的亲和标记。例如标签的选择及其和外源基因的融合方式（标签放置于蛋白质的 N 端或 C 端）。

（2）诱导表达

① 在 LB 培养基（配方：胰蛋白胨 10g/L，酵母提取物 5g/L，氯化钠 10g/L）中按照 1∶1000 的比例，加入 Kana（卡那霉素），从平板上挑取状态较好的单菌落（含克隆了目的基因的 pET28 载体），转接于培养基中，37℃培养 12h。

② 将菌液以 1∶100 转接到 LB 培养基（Kana 以 1∶1000 比例加入），培养约 2.5h，测定 OD_{600}，当 OD 值在 0.4～0.6 时，加入 IPTG 诱导表达。IPTG 终浓度分别为 0.4mmol/L、0.2mmol/L、0.1mmol/L，继续培养 3h。另设一未

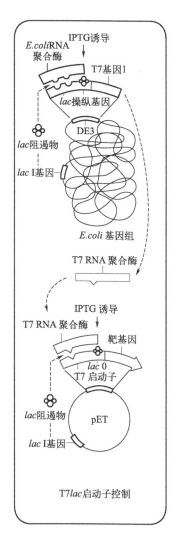

图 1-26 pET 载体原核表达系统原理图
选自 Novagen 公司网页

诱导对照。

（3）菌液收集

① 取 500μL 培养物，12000r/min 离心 1min，沉淀用 1mL PBS 悬浮（重复 2 次），去除培养基中的蛋白。

② 用 100μL 1 倍 loading buffer 重悬沉淀（蛋白终浓度＞0.5mg/mL），95℃ 金属浴处理 10min。

③ 12000r/min 离心 10min，取 5μL 上清用于 SDS-PAGE 及 Western blot 分析（见模块一项目三）。

3. 优化表达的方法

（1）影响表达效率的主要因素

DNA 转录和 RNA 翻译，即遗传信息从基因流向 RNA 又流向蛋白质的过程总称为基因表达。基因表达可以在不同的水平上进行调控，如控制基因的开启、关闭和活性的大小，影响和控制转录和翻译等都属于基因表达的调控。

① 影响转录水平的因素：强启动子，强终止子等。

② 影响翻译水平的因素：SD 序列，mRNA 稳定性等。

③ 影响蛋白质水平的因素：异源蛋白，易降解。

（2）优化表达

① 增加蛋白质溶解性及折叠。37℃蛋白质以聚集的形式表达——包涵体。30℃为可溶的有活性的蛋白细胞周质定位：有利于蛋白折叠及二硫键的形成。

② 稀有密码子。多数氨基酸都有一个以上的密码子，但有一些 *E. coli* 很少使用，当异源目的基因的 mRNA 过表达时，tRNA 的数量直接反应密码子的偏倚性，一个或多个 tRNA 的稀有或缺少会导致翻译的停止。

③ 毒性基因和质粒稳定性。抗生素的使用及补充葡萄糖。

④ 提高翻译水平。调整 SD 序列与 AUG 间的距离、点突变改变碱基、增加 mRNA 稳定性。

⑤ 减轻细胞的代谢负荷，提高表达水平。细菌的生长和外源基因的诱导表达分开（化学诱导，温度诱导）。

⑥ 提高蛋白质稳定性，防止降解。表达融合蛋白，表达分泌蛋白（防止降解，减轻代谢负荷，恢复天然构象）。

任务 2　外源蛋白在大肠埃希菌中的纯化

大多数的表达载体带有标签，以使得表达的目的蛋白成为融合蛋白，融合蛋白中额外的氨基酸可以方便用来纯化外源蛋白。以图 1-26 的 T7 RNA 聚合酶（T7 RNAP）细菌表达系统中 pET 载体（图 1-27）为例，简述纯化外源蛋白的原理。pET-28a 质粒是一种原核表达载体，C 端含有一个 $6 \times His$（寡聚组氨酸）标签，N 端含有 $6 \times His$ 标签、thrombin 酶切位点、T7 标签。由于 $6 \times His$ 对 Ni^{2+} 等二价离子有很高的亲和性。带有这种标签的融合蛋白就可以利用镍亲和色谱法进行纯化。天然的蛋白质几乎没有编码 $6 \times His$，因此亲和纯化时，含有该标签的目的蛋白可以结合到柱子上。

1. 材料与仪器

① 配制缓冲液 1：50mmol/L pH7.4 的 PBS 缓冲液。配制方法：0.5mol/L NaH_2PO_4 19mL，0.5mol/L Na_2HPO_4 81mL，NaCl 29.3g，加适量水溶解后定

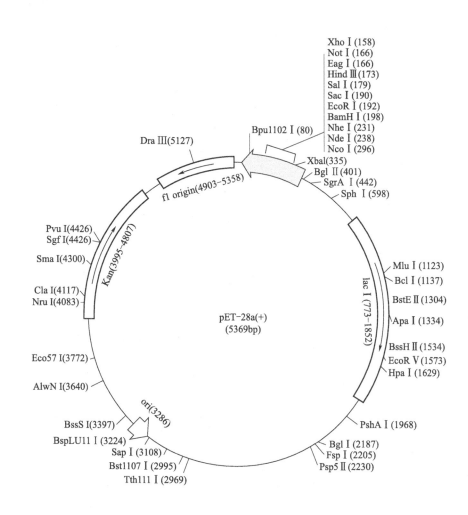

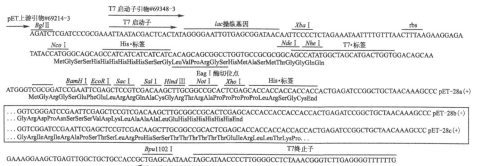

图 1-27　pET-28a 载体质粒图谱

选自 Novagen 公司网页

容到 1000mL。

② 配制缓冲液 2：50mmol/L 磷酸盐缓冲液，pH7.4，即 pH7.4 的 PBS 溶液。配制方法：0.5mol/L NaH_2PO_4 19mL，0.5mol/L Na_2HPO_4 81mL，NaCl 29.3g 和咪唑 34g，加适量水，调 pH 后定容到 1000mL。

③ 配制缓冲液 3：缓冲液 2 咪唑的浓度为 0.5mol/L，分别取 2mL、10mL、20mL、40mL、60mL、80mL 加入 98mL、90mL、80mL、60mL、40mL、20mL 的缓冲液 1 即为 10mmol/L、50mmol/L、100mmol/L、200mmol/L、300mmol/L、400mmol/L 咪唑溶液。

④ 镍柱（保存于 20％乙醇中）。

2. 方法

（1）菌液准备

① 将诱导表达结束后的培养物转移到离心管中，8000r/min，离心 15min 收集菌体，然后加入 1/10 体积的裂解缓冲液 [50mmol/L NaH_2PO_4，300mmol/L NaCl，10mmol/L 咪唑 pH 8.0，1mmol/L PMSF（苯甲基磺酰氟）]，加入 0.2～0.4mg/mL 溶菌酶。

② 将菌体沉淀悬浮起来，混匀，放置于冰上，然后冰上超声破碎细胞。

③ 将破碎液转移至离心管中，10000r/min，4℃离心 20～30min，上清为可溶性蛋白，沉淀为包涵体。如果目的蛋白在上清液，则直接过滤进行亲和纯化；若为包涵体，进行下一步骤。

④ 步骤②和③可以重复一次。

⑤ 按照原菌体：包涵体溶解缓冲液（50mmol/L NaH_2PO_4，300mmol/L NaCl，10mmol/L 咪唑，8mol/L 尿素，pH 8.0）＝1：10（质量浓度）将包涵体悬浮溶解，此为包涵体溶液。包涵体溶液可用于变性条件下 His 标签蛋白的纯化。

（2）步骤

① 用缓冲液 1 平衡 2～5 个柱床体积，流速为 2mL/min。

② 将 20mL 细胞破碎液（50mmol/L PBS pH7.4，0.5mol/L NaCl）0.45μm 滤膜过滤，上样，流速为 1mL/min。

③ 用缓冲液 1 再洗 2～5 个柱床体积，流速为 2mL/min。

④ 用分别含 10mmol/L、50mmol/L、100mmol/L、200mmol/L、300mmol/L、400mmol/L 咪唑的缓冲液 3 进行阶段洗脱，流速为 2mL/min，收集各阶段洗脱峰，用 SDS-PAGE 检测融合蛋白的分子量大小和纯度。

⑤ 用纯水流洗 5 个柱床体积，再用 20％的乙醇流洗 3 个柱床体积，流速为 2mL/min，柱子置于低温环境中保存。

3. 注意事项

（1）亲和色谱中，影响亲和作用的因素

① 离子强度，亲和作用的强度通常随着离子强度的升高而降低。

② pH，过酸或过碱的条件通常削弱亲和作用。

③ 抑制氢键形成的物质，如脲和盐酸胍的存在会减弱亲和力作用。

④ 螯合剂，这些化合物会削弱配位键，使亲和作用减弱或消失。

（2）镍柱进行蛋白纯化时目的蛋白洗脱不下来的原因

① 洗脱条件太温和（组氨酸标记的蛋白质仍然结合在柱上，结合力较强），用增加咪唑的浓度梯度洗脱或降低 pH 来找出最佳的洗脱条件。

② 蛋白和柱子有其他非特异的吸附，加非离子去污剂到洗脱缓冲液（如 2% Triton X-100）或增加 NaCl 的浓度。

③ 蛋白已沉淀在柱上，减少上样量和孵育的时间，使用去污剂（1%～2% Triton X-100）或改变 NaCl 的浓度，或在变性条件下洗脱（用 8mol/L 脲，或 6mol/L 盐酸胍），最终也可在洗脱 Buffer 中加入 2mmol/L DTT（二硫苏糖醇）或 0.5% 肌氨酸钠进行洗脱。

考核与评价

1. 考核

（1）简述 T7 RNA 聚合酶（T7 RNAP）细菌表达系统的原理。

（2）有哪些方法能增强原核表达系统外源蛋白表达的可溶性？

（3）简述分泌蛋白的合成和运输过程。

（4）Western blot 实验中显色条带很弱的原因有哪些？

（5）简述镍亲和色谱的原理及优点。

（6）简述镍柱进行蛋白纯化的步骤。

2. 教师评价

（1）理论基础得分：_____；

（2）实验操作得分：_____；

（3）总体评价：_____。

参考文献

Walker J，Miroux B. Selection of *Escherichia coli* hosts that are optimized for the overexpression of proteins ［M］. Washington，DC：ASM Press，1999.

辅助视频

（1）BmN 细胞的传代培养。

（2）绿色荧光蛋白在 BmN 细胞中的瞬时表达。

BmN 细胞的传代培养　　绿色荧光蛋白在 BmN
　　　　　　　　　　　　细胞中的瞬时表达

模块二
工业酶制剂

项目一　淀粉酶的生产及应用

📖 背景知识

淀粉酶是水解淀粉和糖原的酶类总称,外文名 amylase。根据酶水解作用键位类型的不同主要可分为 α-淀粉酶(α-amylase,E. C. 3. 2. 1. 1)、β-淀粉酶(β-amylase,E. C. 3. 2. 1. 2)、γ-淀粉酶(γ-amylase,E. C. 3. 2. 1. 3)和异淀粉酶(isoamylase,E. C. 3. 2. 1. 33)。

α-淀粉酶,又名液化型淀粉酶,黄棕色,冻干粉末,溶于水和稀缓冲溶液,几乎不溶于乙醇。广泛分布于动物(唾液、胰脏等)、植物(麦芽、山萮菜)及微生物。此酶以 Ca^{2+} 为必需因子并作为稳定因子和激活因子,也有部分 α-淀粉酶为非 Ca^{2+} 依赖型。α-淀粉酶既作用于直链淀粉,也作用于支链淀粉,随机切断糖链内部的 α-1,4-糖苷键,引起底物溶液黏度的急剧下降和碘反应的消失,最终产物在分解直链淀粉时以葡萄糖为主,此外,还有少量麦芽三糖及麦芽糖。真菌 α-淀粉酶水解淀粉的终产物主要以麦芽糖为主且不含大分子极限糊精,在烘焙业和麦芽糖制造业具有广泛的应用。另一方面在分解支链淀粉时,除麦芽糖、葡萄糖、麦芽三糖外,还生成分支部分具有 α-1,6-糖苷键的 α-极限糊精(又称 α-糊精)。一般分解限度以葡萄糖为准是 35%~50%,但在细菌的淀粉酶中,分解限度可高达 70%,导致有游离的葡萄糖析出。

β-淀粉酶,又称淀粉 β-1,4-麦芽糖苷酶,浅黄色或棕黄色粉末,溶于水和稀缓冲液,几乎不溶于乙醇。与 α-淀粉酶的不同点在于从非还原性末端逐次以麦芽糖为单位切断 α-1,4-糖苷键,广泛存在于大麦、小麦、甘薯、大豆等高等植物以及芽孢杆菌属等微生物中，是啤酒酿造、饴糖（麦芽糖浆）制造的主要糖化剂。利用诸如多黏芽孢杆菌、巨大芽孢杆菌等微生物产生的 β-淀粉酶糖化已经酸化或 α-淀粉酶液化后的淀粉原料，可以生产麦芽糖含量 $60\%\sim70\%$ 的高麦芽糖浆。对于直链淀粉能完全分解得到麦芽糖和少量的葡萄糖。作用于支链淀粉或葡聚糖时，切断至 α-1,6-糖苷键的前面反应就停止，生成分子量比较大的糊精。

γ-淀粉酶，又称葡萄糖淀粉酶、糖化酶，近白色至浅棕色无定型粉末，或为浅棕色至深棕色液体，可分散于食用级稀释剂或载体中。溶于水，几乎不溶于乙醇、氯仿和乙醚。能把淀粉从非还原性末端水解 α-1,4-糖苷键产生葡萄糖，也能缓慢水解 α-1,6-糖苷键，转化为葡萄糖。同时也能水解糊精、糖原的非还原末端释放 β-D-葡萄糖。无论作用于直链淀粉还是支链淀粉，最终产物均为葡萄糖。

异淀粉酶，又称脱支酶、淀粉-1,6-葡萄糖苷酶，淡黄色非晶形粉末或半透明的鳞片。动物、植物、微生物都产生异淀粉酶。来源不同，名称也不同，如：脱支酶、Q 酶、R 酶、普鲁兰酶、茁霉多糖酶等。水解支链淀粉或糖原的 α-1,6-糖苷键，生成长短不一的直链淀粉，形成糊精。主要由微生物发酵产生，菌种有酵母、细菌、放线菌。

任务 1　淀粉酶活力的测定

淀粉酶活力的测定方法有很多，大致分为四类：一是测定底物淀粉的消耗量，有碘比色法、黏度法和浊度法等；二是生糖法，测定产物葡萄糖的生成量；三是色原底物分解法；四是酶偶联法。其中，最常用的是 3,5-二硝基水杨酸（DNS）比色法。

1. DNS 比色法原理

此法是通过测定淀粉酶作用于淀粉后生成的还原糖的量，以单位质量样品在一定时间内生成的还原糖的量表示酶活力。还原糖在碱性条件下加热被氧化成糖酸及其他产物，3,5-二硝基水杨酸则被还原为棕红色的 3-氨基-5-硝基水杨酸，反应式如下：

3,5-二硝基水杨酸（黄色）　　　　　　　　3-氨基-5-硝基水杨酸（棕红色）

在一定范围内，还原糖的量与棕红色物质颜色的深浅呈正比例关系，利用分光光度计在 540nm 波长下测定吸光度，查对标准曲线并计算，便可求出样品中还原糖的含量。定义一个淀粉酶活力单位（U）为：在该酶最适酶解温度、最适酶解 pH 的条件下，每分钟水解淀粉生成 1mg 的还原糖所需要的酶量。

因实际生产中，淀粉酶常以粗制品的形式存在，因此测定酶活力时以淀粉酶粗制品为原料进行说明。

2. 实验材料与器材

（1）实验材料

淀粉酶粗制品。

（2）器材

刻度试管（25mL×15），离心管（50mL×15），移液管（1mL×2、2mL×2），滴管（2），移液枪（1mL×1、200μL×1），洗耳球（2），洗瓶，试管架，冰盒移液管架，玻璃棒等。

（3）仪器

紫外-可见分光光度计，高速冷冻离心机，恒温水浴，沸水浴，天平等。

3. 溶液配制

① 葡萄糖标准溶液的配制（1.0mg/mL）：用分析天平准确称取 80℃烘至恒重的分析纯葡萄糖 100mg，置于 100mL 小烧杯中，加少量蒸馏水溶解后，转移到 100mL 容量瓶中，将溶解用的小烧杯洗涤三次，合并洗液至容量瓶中，再用蒸馏水定容至 100mL，混匀，4℃冰箱中保存备用。

② 淀粉溶液（5g/L）：称取 5g 可溶性淀粉，用少量冷水湿润成可流动状态，将 1000mL 水烧至沸腾，然后将可流动的淀粉慢慢倒入沸水中，并不停地搅拌至溶液连续沸腾 5min 即可停止加热，冷却后定容至 1000mL。

③ 3,5-二硝基水杨酸试剂（DNS 试剂）：将 5.0g 3,5-二硝基水杨酸溶于 200mL 2mol/L NaOH 溶液中，接着加入 500mL 含 130g 酒石酸钾钠的溶液，混匀。再加入 5g 结晶酚和 5g 亚硫酸钠，搅拌溶解后，定容至 1000mL。暗处保存备用。

④ 磷酸氢二钠-磷酸二氢钠缓冲液-氯化钠溶液（0.1mol/L，pH 6.8，内含 3g/L NaCl 溶液）。

⑤ NaOH 溶液（2.5mol/L）。

4. 操作步骤

（1）样品预处理

准确称取 0.5g 淀粉酶粗制品于 50mL 离心管中，加入 20mL 蒸馏水，搅匀，冰浴浸提 0.5h，并不断轻轻搅拌。将酶液以 10000r/min，4℃离心 20min，将上清液转移至 50mL 容量瓶，同法浸提 2 次，最后用蒸馏水定容至 50mL，制得淀粉酶的待测液。

（2）淀粉酶活力测定

取 25mL 刻度试管 12 支，按表 2-1 操作，记录实验结果。

□ 表 2-1　淀粉酶活力测定表

管号操作	标准葡萄糖浓度梯度						酶液					
	0	1	2	3	4	5	A_0	A_0	A_0	A_1	A_1	A_1
葡萄糖标准液/mL	0	0.2	0.4	0.6	0.8	1.0						
淀粉酶液/mL						0.2	0.2	0.2	0.2	0.2	0.2	
蒸馏水/mL	3.2	3.0	2.8	2.6	2.4	2.2						
pH 6.8 缓冲液/mL							1	1	1	1	1	1
NaOH 溶液/mL							1	1	1			
预热	摇匀,37℃水浴 2min											
预热的淀粉溶液							各 1mL,迅速摇匀					
酶促反应	在 37℃水浴反应 5min(准确计时)											
NaOH 溶液/mL										1	1	1
DNS 试剂/mL	各 2mL,迅速摇匀											
显色反应	沸水浴 5min,冷却,各用水定容至 25mL,摇匀											
比色	以 0 号管为空白参比,测定 λ=540nm 处的吸光度											
记录吸光度/A_{540}												
还原糖量/mg												

（3）绘制葡萄糖标准曲线

用 0 号管调零，测出 1～5 号管的吸光度。以葡萄糖浓度（mg/mL）为横坐标，吸光度为纵坐标作图，得出回归线和相关系数，相关系数大于 0.95 时，表明相关性良好。

5. 酶活力计算

① 分别计算在 0 时、5min 时的 A_{540nm}，根据标准曲线计算对应的还原糖含量。

② 计算淀粉酶粗制品的总活力。定义以 1mL 的发酵液中的淀粉酶，在 37℃ 1min 生成 0.1mg 的还原糖为 1 个酶活力单位（U）。根据式 2-1 计算酶活力。

$$淀粉酶活力(U/mg)＝C\times25\times250\div5\div0.5\times10 \qquad (2\text{-}1)$$

式中，C 为测定的还原糖浓度，mg/mL；25 为反应液总体积，mL；250 为稀释倍数；5 为反应时间 5min；0.5 为淀粉酶粗制品质量，mg；10 为 1mg 转换为 0.1mg 的系数。每个处理 3 次重复，计算平均值。

6. 注意事项

① 酶液的稀释倍数要根据酶活性的大小而定。在比色测定过程中，测量值要落在标准曲线所标示的范围内。

② 为保证酶促反应时间的准确性，水浴的温度和时间要严格控制，尽量减

少因各管保温时间和温度不同而引起的误差。

任务 2　α-淀粉酶的制备

淀粉酶，尤其是 α-淀粉酶、β-淀粉酶广泛存在于动物、植物和微生物体中。微生物易于培养，生产效率高，因此，在工业领域中，为了提高 α-淀粉酶生产效率，通常采取微生物发酵的方法进行生产。

1. 发酵法制备 α-淀粉酶

（1）实验器材

① 菌种：*Bacillus subtilis* JD-32。

② 仪器：培养皿、试管、发酵罐、灭菌锅、振荡培养箱、高速冷冻离心机。

（2）实验步骤

① 培养基的制备与灭菌

蛋白胨 5g，酵母膏 2.5g，葡萄糖 0.5g，可溶性淀粉 2.5g，KH_2PO_4 1g，$MgSO_4 \cdot 7H_2O$ 0.25g，$CaCl_2 \cdot 2H_2O$ 0.1g，H_2O 500mL，pH7.0。分装于 100mL 锥形瓶中，每瓶 50mL，121℃灭菌 20min。

② 接种与产酶培养

将菌种接种于培养基斜面，35℃培养 3 天，然后转接到摇瓶种子培养基，摇瓶培养一定时间，当菌体进入对数生长期时，以 0.5％接种量接入固体培养基（麸皮、米糠、豆饼粉、火碱、水；pH 7 左右，常压汽蒸 1h，冷却到 38～40℃）在厚层通风制曲箱内，通风保持 37～42℃，培养 48h 出曲风干。

（3）提取

麸曲用 1％食盐水 3～4 倍浸泡，3h 后过滤，调节滤液 pH＝8，加硫酸铵溶液沉淀酶，经离心，对沉淀进行冷冻干燥，即为 α-淀粉酶粗制品。

2. 大麦发芽法制备 α-淀粉酶

（1）制备大麦芽

大麦芽的制作主要步骤分为浸泡、发芽、干燥和烘烤。

① 浸泡。为让大麦种子萌发，必须使其先吸饱水分，这步一般需要两到三天时间，大麦种子的含水量会从 12％～13％上升到 42％～46％。浸泡一般要分步进行，先浸泡 8h 左右，然后需要在较冷的环境里（10～21℃）透气 8～10h，之后再次浸泡 8h。

② 发芽。在发芽的过程里，大麦的根和茎都会开始生长，而在谷壳内部，开始产生能将淀粉转化成糖的各种酶，以及分解蛋白质的酶类，这个过程也被称为麦芽的"酶修饰"，它会改变麦芽的内部结构，比如分解隔离淀粉的蛋白质网络以及将长链淀粉转化成水溶性的短链淀粉。在发芽过程中，大麦种子会释放很

多热量，所以在发芽过程中必须控制其温度，保持凉爽和潮湿。如果温度太高或者太过于潮湿，很容易滋生霉菌，但是如果温度太低或者太干燥的话，发芽过程就会停止。发芽的过程一般要持续 3～5d，当幼茎和谷粒一样长的时候，发芽和酶修饰过程就完成了，有一个简单的方法测试麦芽是否酶修饰完全，就是用手指搓一下麦芽，如果酶修饰完全，谷粒的芯会很酥脆，搓完手上会有很多白色粉末，而未酶修饰完全的麦芽，芯会很硬。

③ 干燥与烘烤。当麦芽酶修饰完成，大麦的胚乳会生成短链淀粉，以及产生足够的 α-淀粉酶。干燥可在不破坏 α-淀粉酶活性的前提下将这个状态固定下来。仍然潮湿的、发过芽的大麦一般被称为绿麦芽，在 52℃ 的温度下烘干，使其含水量降到 10％～12％。当含水量低于 10％～12％时，即使用更高的温度也不会破坏酶的活性。所以当含水量下降到 10％ 以下，就可以将温度升到 60～71℃ 直到含水量继续下降至 6％ 甚至更低，对大部分麦芽来说，最终的含水量在 3％～5％。干燥后，将幼根和幼茎去除即可。生产上基本都是靠机器，振动加过筛就可以完成。

（2）酶液制备

称取 1g 大麦芽，置于研钵中，加少量石英砂和 2mL 蒸馏水，研磨成匀浆。将匀浆倒入离心管中，用 6mL 蒸馏水分次将残渣洗入离心管。提取液在室温下放置提取 15～20min，每隔数分钟搅动 1 次，使其充分提取。然后在 3000r/min 下离心 10min，将上清液倒入 100mL 容量瓶中，加蒸馏水定容至刻度，摇匀，即为 α-淀粉酶原液。吸取上述 α-淀粉酶原液 10mL，放入 50mL 容量瓶中，用蒸馏水定容至刻度，摇匀，即为 α-淀粉酶稀释液。

（3）酶活力的测定

按任务 1 进行操作。

任务 3　α-淀粉酶的提取与分离纯化

酶的提取与分离纯化是指将酶从细胞或其他含酶原料中提取出来，再与杂质分开，而获得所要求的酶制品的过程。α-淀粉酶为胞外酶，主要存在于发酵液中，因此 α-淀粉酶的分离纯化主要包括提取、离心分离、过滤与膜分离、沉淀分离和萃取分离等。

1. 酶提取的方法

（1）盐溶液提取

大多数蛋白类酶（P酶）都溶于水，而且在低浓度的盐存在的条件下，酶的溶解度随盐浓度的升高而增加，这称为盐溶现象。而在盐浓度达到某一界限后，酶的溶解度随盐浓度升高而降低，称之为盐析现象。所以一般采用稀盐溶液提取酶，最常用的稀盐溶液为 0.020～0.050mol/L 的磷酸缓冲液、0.15mol/L NaCl 等。

（2）酸溶液提取

有些酶在酸性条件下溶解度较大，且稳定性较好，宜用酸溶液提取。提取时要注意溶液的 pH 值不能太低，以免使酶变性失活。

（3）碱溶液提取

有些在碱性条件下溶解度较大且稳定性较好的酶，应采用碱溶液提取。操作时要注意 pH 值不能过高，以免影响酶的活性。

（4）有机溶剂提取

有些与脂质结合牢固或含有较多非极性基团的酶，可以采用与水可以混溶的乙醇、丙酮、丁醇等有机溶剂提取。

2. α-淀粉酶的提取

（1）仪器与试剂

① 缓冲液：0.05mmol/L 磷酸缓冲液（pH 7.0），含 5mmol/L 2-巯基乙醇、1mmol/L EDTA、0.5mmol/LPMSF。

② 仪器：离心机，量筒，研钵。

（2）浸提

称取粗酶粉 2.5g，加入 20mL 缓冲液，研磨 5～10min，3500r/min 离心分离 10min，收集上清液。

为提高收率，沉渣可加入适量缓冲液再浸提 1～2 次，离心，合并上清液，即为粗酶液，测定总体积。

测定粗酶液的酶活力，计算总酶活力。

$$总酶活力(U)＝单位体积酶活力(U/mL)×总体积(mL) \qquad (2-2)$$

3. α-淀粉酶提取时的注意事项

（1）温度

一般说来，适当提高温度，可以提高酶的溶解度，也可以提高酶分子的扩散速度，但是温度过高，则容易引起酶的变性失活，所以提取时温度不宜过高。温度通常控制在 0～4℃，在不影响酶的活性的条件下，适当提高温度，有利于酶的提取。

（2）pH 值

首先考虑酶的稳定性。选用 pH 不应超过酶的 pH 稳定范围。其次，在等电点的条件下，酶分子的溶解度最小。为了提高酶的溶解度，提取时 pH 值应该避开酶的等电点。也就是说，酸性蛋白宜用碱性溶液抽提；碱性蛋白宜用酸性溶液抽提。

（3）提取液的体积

增加提取液的用量，可以提高酶的提取率。但是过量的提取液会使酶的浓度降低，对进一步的分离纯化不利。所以提取液的总量一般为原料体积的 3～5 倍，最好分几次提取。

4. α-淀粉酶的分离纯化

为降低生产成本，工业上使用的 α-淀粉酶大多为粗酶制品或经初步纯化的低纯度酶制剂，高纯度的 α-淀粉酶制剂主要用于实验研究。

（1）分级盐析

α-淀粉酶常用的提取方法有盐析法、乙醇淀粉吸附法和喷雾干燥法，其中最常用的是盐析法。根据粗酶液体积，计算出达到相应饱和度需要加入的硫酸铵的量。慢慢地向粗酶液中加入硫酸铵至 30％饱和度，静置 20min 后，在 12000r/min 的转速下离心 20min，分别收集上清液与沉淀 A。

测量上清液体积，再慢慢向上清液中加入硫酸铵至 60％饱和度，静置 20min 后，在 12000r/min 的转速下离心 20min，分别收集上清液与沉淀 B。

按同样的方法再次调节硫酸铵饱和度 80％，静置 20min 后，在 12000r/min 的转速下离心 20min，分别收集上清液与沉淀 C。

收集每一饱和度下沉淀出的蛋白质（沉淀 A、B、C），分别用 5mL 的缓冲液溶解。

测定组分 A、B、C 的酶活力和蛋白质浓度，计算相应组分的酶活力回收率和比活力。因在去除杂蛋白的同时，会去除部分蛋白酶，所以在分级沉淀中，一般来说，酶的回收率越高，比活力会越低，提高比活力的同时，回收率会相应降低。应根据实际操作需要，综合确定最佳的 α-淀粉酶沉淀分级。

如果需要，可采用更细的分级。

$$\text{酶活力回收率} = \frac{\text{组分的酶活力} \times \text{组分的体积}}{\text{总酶活力}} \times 100\% \qquad (2\text{-}3)$$

$$\text{酶比活力} = \text{酶活力(U)} / \text{蛋白质或 RNA(mg)} \qquad (2\text{-}4)$$

（2）透析

① 透析袋的预处理：透析袋的处理主要是除去污染物，特别是重金属和蛋白酶等对蛋白质有毒害作用的物质。可在 0.1mol/L 的 EDTA 溶液中煮 20min，再换用蒸馏水煮 20min。

② 透析：将所收集的具有最高酶活力的组分，放入透析袋，置于清水中，电磁搅拌，透析 24h，中间换水 3～4 次。为了防止酶失活，整个透析系统应低温放置。

采用纳氏试剂检测法检测铵离子是否除尽。

（3）浓缩

透析后，透析袋中液体浓度低，体积较大，用旋转蒸发仪浓缩。取出

0.5mL 测定酶活力，其余的置于冰箱中备下次实验使用。

计算制备得到的低纯度酶制剂的酶活力和酶活力回收率。

(4) α-淀粉酶的精制

采用反萃取技术纯化 α-淀粉酶。将适当比例的正丁醇和异辛烷加入比色管，摇匀。再加入适量 CTAB（十六烷基三甲基溴化铵），放入加热套中加热溶解，摇匀，使其均匀分布于有机相，得到澄清透明稳定的反胶团系统。

前萃取，将 α-淀粉酶溶解于缓冲液中，稀释，滤清。磷酸氢二钠-柠檬酸缓冲液构成初始水相。将反胶团相和水相置于三角烧瓶中，在振荡器上剧烈振荡后（250r/min，10min），倾入离心管，进行离心（3500r/min，5min），用滴管小心地将两相分开，取上层有机相待用。

反萃取，用去离子水配制适当 pH 值（pH＝pI）和离子强度的缓冲液作为反萃取水相，与前萃取所得的有机相混合，放入恒温水浴锅加热片刻，在振荡机上剧烈振荡后（250r/min，10min），倾入离心管，进行离心（3500r/min，5min）。用滴管小心地将两相分开，下层水相即为纯化的 α-淀粉酶。

将下层水相中的 α-淀粉酶进行真空干燥或冷冻干燥，可制得高纯度的 α-淀粉酶制剂粉末，计算制备得到的高纯度酶制剂的酶活力和活力回收率。

任务4　淀粉酶的应用

淀粉酶被广泛用于食品工业和医药工业，将淀粉转化为糖、糖浆和糊精，构成了淀粉加工工业的主体。

1. 麦芽糊精、葡萄糖、果葡糖浆的制备

糊精是淀粉低程度水解的产物，广泛应用于食品增稠剂、填充剂和吸收剂。DE 值在 10～20 之间的糊精称为麦芽糊精。果葡糖浆生产所使用的葡萄糖，一般是由淀粉浆经 α-淀粉酶液化，再经糖化酶糖化得到的葡萄糖，经过精制获得浓度为 40%～45% 的精制葡萄糖液，要求 DE＞96。

精制葡萄糖液在一定条件下，可由葡萄糖异构酶催化生成果糖。异构化率一般为 42%～45%。异构化完成后，混合糖液经脱色、精制、浓缩，至固形物含量达 71% 左右，即为果葡糖浆。其中含果糖 42% 左右，葡萄糖 52% 左右，另有 6% 左右为低聚糖。工艺流程见图 2-1。

2. 啤酒发酵

啤酒是以大麦芽和酿造水为主要原料，以大米、玉米等谷物为辅料，加入少量啤酒花，经过啤酒酵母糖化发酵酿制而成的一种含有丰富的二氧化碳而起泡沫的低酒精度 [2.5%～7.5%（体积分数）] 的饮料酒。淀粉酶对啤酒原料中的淀粉进行分解转化成糖类，再经酵母转化为酒精和二氧化碳。啤酒生产工艺流程见

图 2-2。

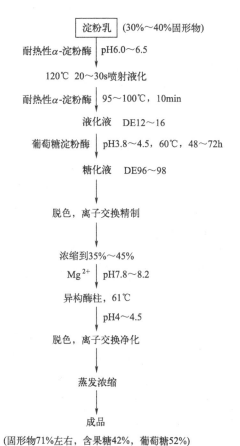

淀粉乳 (30%～40%固形物)

耐热性α-淀粉酶 ｜ pH6.0～6.5

120℃ 20～30s喷射液化

耐热性α-淀粉酶 ｜ 95～100℃，10min

液化液 DE12～16

葡萄糖淀粉酶 ｜ pH3.8～4.5，60℃，48～72h

糖化液 DE96～98

脱色，离子交换精制

浓缩到35%～45%

Mg²⁺ ｜ pH7.8～8.2

异构酶柱，61℃

｜ pH4～4.5

脱色，离子交换净化

蒸发浓缩

成品

(固形物71%左右，含果糖42%，葡萄糖52%)

图 2-1 麦芽糊精、葡萄糖、果葡糖浆制备的工艺流程

（1）原料

生产麦芽汁的原料有大麦芽、大米、啤酒花和水。原料投产前，都要经过一般理化分析，检验是否符合要求。大麦发芽后要经过干燥，并除去根，贮存 8 周左右才能使用。大米的淀粉含量高，为 76%～80%，蛋白质含量低，为 7%～8%，用大米代替部分麦芽，不仅成本低，出酒率高，而且可以改善啤酒的风味和色泽。

大麦的要求：适用于酿造啤酒的大麦为二棱或六棱大麦。二棱大麦的浸出率高，溶解度较好；六棱大麦的农业单产高，活力强，但浸出率较低，麦芽溶解度不太稳定。啤酒用大麦的品质要求为：壳皮成分少，淀粉含量高，蛋白质含量适中（9%～12%）；淡黄色，有光泽；水分含量低于 13%；发芽率在 95% 以上。

啤酒花，又称忽布，《本草纲目》上称为蛇麻花，是一种多年生草本蔓性植

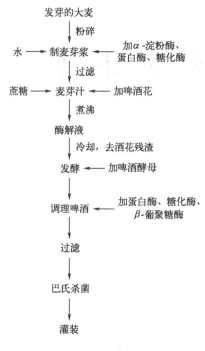

图 2-2　啤酒生产工艺流程

物，古人取为药材。雌雄异株，酿造上所用的均为雌花。它能赋予啤酒香味和爽口的苦味，提高啤酒的泡持性和稳定性。与麦汁一起煮沸时，能促进蛋白质凝固，有利于麦汁澄清，增加麦汁和啤酒的防腐能力。

啤酒生产用水，以糖化用水最为重要，除应符合饮用水标准外，还要求碳酸盐硬度低，非碳酸盐硬度适当，可以控制糖化醪和麦汁的 pH 值，使其偏酸，利于麦芽中的各种酶促反应，提高麦汁质量。

（2）麦芽制造

① 大麦后熟：刚收获的大麦有休眠期，发芽力低，要进行贮存后熟。

② 大麦精选：用风力、去筛机除去杂物，按麦粒大小分级。

③ 浸麦：在浸麦槽中用水浸泡 2～3d，同时洗净，除去浮麦，使大麦的水分含量达到 42%～48%。

④ 发芽：浸水后的大麦在控温通风条件下进行发芽。发芽适宜温度为 13～18℃，发芽周期为 4～6 日，根芽的伸长为粒长的 1～1.5 倍。长成的湿麦芽称绿麦芽。

⑤ 焙燥：目的是降低水分，终止绿麦芽的生长和酶的分解作用，以便长期贮存。焙燥后的麦芽水分为 3%～5%。

⑥ 贮存：焙燥后的麦芽，再除去麦根，精选，冷却之后放入贮仓中贮存。

（3）糖化工艺

糖化工艺包括糊化、糖化、糖化醪的过滤、麦汁的煮沸、沉淀、冷却、充氧等过程。

主要过程为：麦芽、大米等原料经过除杂、定量、粉碎后，进入糊化锅、糖化锅糖化分解成醪液，经过滤槽/压滤机过滤，然后加入酒花煮沸，去热凝固物，冷却分离。

① 糊化：糊化是将大米和部分麦芽粉碎、精选，增湿后按 $1:4.5$ 左右的料水比加水调成米浆，加入糊化锅内，50℃、20min，利用麦芽中的 α-淀粉酶将大米内的淀粉充分分解形成糊化醪。

② 糖化：将煮沸后的糊化醪泵入糖化锅内进行糖化反应。糖化锅的结构与糊化锅的结构相似，仅体积较大而已。糖化过程中，麦芽含有的各种酶协同作用，将淀粉生成麦芽糖和低分子糊精等糖类，使糖和非糖类物质形成一定的比例，并利用麦芽内的蛋白酶将原料中蛋白质适度分解产生中低分子肽和氨基酸，使制成的麦汁作为适合酵母发酵的氮源，这对成品啤酒产生泡沫有良好的作用。

糖化过程常采用三次煮出法：先将温度维持在 50℃、30～40min，使蛋白酶充分作用，分解原料中的蛋白质；然后将温度升至 65～68℃，维持 40min，α-淀粉酶、β-淀粉酶充分发挥作用，将淀粉转化为糖；再升温至 78℃，维持 10min，终止酶的作用，固定麦汁成分。

③ 过滤：糖化完毕后，将糖化醪泵入过滤槽内进行澄清过滤，过滤槽内装有筛板，过滤后的滤液清亮透明，这就是麦芽汁。

④ 煮沸：过滤后的麦汁，加上洗糟后的淡麦汁，浓度低于规定的工艺指标，所以要煮沸一定时间，将多余的水分蒸发掉，煮沸还可以起到消毒杀菌作用，并可促进蛋白质凝固、析出，增加啤酒的稳定性。煮沸时添加酒花粉，可增加麦汁的香气、苦味和防腐能力。

⑤ 沉淀：煮沸后的麦汁，迅速泵入旋涡沉淀槽，麦汁沿切线进入槽内，在离心力的作用下，酒花粉末和蛋白质便沉淀到槽底。

⑥ 冷却：澄清的麦汁温度较高，可通过板式换热器，使麦汁温度降到 7～8℃，以适合发酵需要。

⑦ 充氧：冷却后的麦汁，通过充氧气，加入无菌空气，增加溶氧，使麦汁中的多酚物质氧化，色泽变深，当含氧量达到 10～11mg/L 时，即可送到发酵车间，供培养酵母用。

（4）酿造工艺

① 传统发酵工艺采用两段发酵，前发酵采用开放式池，发酵时间为 7～8d，温度为 8℃左右。前酵结束后，将上层酒输入密闭的储槽内，保持低温，贮藏 60～90d，称为后酵。这种生产方式设备周转慢，要使用庞大的冷库，耗能很大。

② 现代发酵将传统发酵改为露天大罐发酵，前后酵集中在一个罐内进行，罐壁设有换热管，以便控制发酵过程中各阶段的温度，既取消了庞大的冷库建筑，降低了能耗，又便于控制不同阶段罐内发酵液所需的温度，所以酒龄缩短，设备利用率提高，而酒质与传统发酵相似。啤酒生产过程中要排出大量的废水，废水在排放到环境中之前要先通过污水处理池进行处理，以保持环境卫生。

③ 啤酒酵母的主要特性要求：啤酒酵母呈圆形或椭圆形，为单个或成对，细胞大小为 $4\sim5\mu m$ 或 $7\sim9\mu m$，一端出芽，子囊孢子呈圆球形，啤酒酵母的致死温度为 $53℃$，发酵温度为 $10℃$ 左右，生长条件为好氧或厌氧。

对啤酒酵母的基本要求是：发酵力高，凝聚力强，沉降缓慢而彻底，繁殖能力适当，生理性能稳定，酿制出的啤酒风味好。

④ 在发酵的过程中，人工培养的酵母将麦芽汁中可发酵的糖分转化为酒精和二氧化碳，生产出啤酒。发酵在八个小时内发生并以较快的速度进行，积聚一种被称作"皱沫"的高密度泡沫。这种泡沫在第 3 天或第 4 天达到最多。从第 5 天开始，发酵的速度有所减慢，泡沫开始散布在麦芽汁表面，此时必须将它撇掉。酵母在发酵完麦芽汁中所有可供发酵的物质后，就开始在容器底部形成一层稠状的沉淀物。随之温度逐渐降低，在 $8\sim10d$ 后发酵就完全结束了。整个过程中，需要对温度和压力做严格的控制。当然啤酒的不同、生产工艺的不同，导致发酵的时间也不同。通常，贮藏啤酒的发酵过程需要大约 $6d$，淡色啤酒为 $5d$ 左右。发酵结束以后，绝大部分酵母沉淀于罐底，可以将这部分酵母回收起来以供下一罐使用。除去酵母后，生成物"嫩啤酒"被泵入后发酵罐（或者称为熟化罐）中。剩余的酵母和不溶性蛋白质进一步沉淀下来，使啤酒的风格逐渐成熟。成熟的时间随啤酒品种的不同而异，一般在 $7\sim21d$。经过后发酵而成熟的啤酒在过滤机中将所有剩余的酵母和不溶性蛋白质滤去，就成为待包装的清酒。

（5）过滤工序

发酵后的啤酒，从理论上讲口味成熟、二氧化碳饱和，但是其内仍存在一定量的固体小颗粒，必须将其过滤掉。

啤酒过滤便是啤酒酿造过程中改进质量的最后一道处理工序，该工序质量控制的好坏，直接影响到最终成品酒的质量。无论是啤酒的感官要求、理化指标，还是啤酒的风味稳定性，都与啤酒的过滤有着非常密切的关系。

经过后发酵而成熟的啤酒在过滤机中将所有剩余的酵母和不溶性蛋白质滤去，就成为待包装的清酒。双重过滤工艺，不但对酿造产生的杂质去除更彻底，而且使酒液特别清澈。

（6）包装工艺

空瓶必须用加有洗涤剂的热水浸泡，再用高压水冲洗后才能使用。干净的空瓶由带式输送机运到回转装酒机进行灌装，然后经压盖机压盖。压盖后的瓶装啤酒通过带式输送机进入巴氏杀菌机进行一分钟杀菌，杀菌温度为 68℃，将啤酒内的酵母和其他非孢子类细菌杀死，以增加啤酒的生物稳定性，利于成品的储藏，经过杀菌的瓶装啤酒，再经带式输送机送到贴标机，贴好商标装箱入库，然后装车出厂，以满足人们的生活需要。

考核与评价

1. 考核

（1）在酶活性测定过程中 A_0 在反应前加入 NaOH 溶液，A_1 在反应后加入 NaOH 溶液的目的分别是什么？

（2）测定酶的活力应注意哪些反应条件？

（3）α-淀粉酶的分离纯化还有哪些方法？

（4）举例说明 α-淀粉酶在医药方面的应用。

2. 教师评价

（1）理论基础得分：＿＿＿＿＿＿＿＿＿＿＿＿；

（2）实验操作得分：＿＿＿＿＿＿＿＿＿＿＿＿；

（3）总体评价：＿＿＿＿＿＿＿＿＿＿＿＿。

参考文献

[1] 杨志敏. 生物化学实验 [M]. 北京：高等教育出版社，2015.

[2] 曾东方，杨帆，聂欢. DNS 法对食用菌发酵液淀粉酶活力的测定 [J]. 现代农业科技 2011，(11)：16，18.

[3] 汪薛良，钮成拓，包敏，等. β-淀粉酶酶活力测定方法改进及应用 [J]. 东北农业大学学报，2019，50（2）：56-61.

[4] 刘志洋，周心怡，赵景荣，等. 3,5-二硝基水杨酸法测定不同高度麦苗中淀粉酶的活性强度 [J]. 泰山医学院学报，2011，32（12）：925-927.

项目二 果胶酶的生产及应用

📖 背景知识

1. 果胶的组成

果胶是由多个 D-吡喃半乳糖醛酸通过 1,4-糖苷键连接而成的多糖。果胶在植物组织中普遍存在，其中以山楂、苹果、杏、李、柑橘等的皮渣含量较丰富。

一般人们所说的果胶质系指原果胶、果胶和果胶酸的总称。原果胶为细胞壁中胶层的组成部分，不溶于水，常与纤维素结合形成果胶纤维，在细胞间有黏结作用，使果蔬变得脆硬。果胶存在于细胞液中，可溶于水，与糖酸配合成一定比例时形成凝胶。果胶酸不溶于水，无黏性，它能与碱土金属作用生成不溶于水的盐类而成凝胶状态。

2. 果胶的分类

果胶分子中有部分半乳糖醛酸的羧基被甲醇酯化而形成甲氧基。甲氧基含量以 14% 为上限，相当于酯化度 100%。根据甲氧基含量将果胶分为高甲氧基果胶（≤7%，高酯果胶）和低甲氧基果胶（≤7%，低酯果胶）。

高甲氧基果胶与低甲氧基果胶形成凝胶的条件不同，高甲氧基果胶一般要加入可溶性固形物（以糖为主）含量在 55% 以上的物质，并在酸性条件（pH 2.8～3.4）下才能形成凝胶。低甲氧基果胶只要加入适量 Ca^{2+}、Mg^{2+} 等多价离子的盐类，即使可溶性固形物低于 1%，也能形成凝胶，这样在加工上就能大大节约糖。

3. 果胶的性质

原果胶、果胶酸不溶于水，只有果胶可溶于水形成黏性液体，黏度与链长成正比。果胶在溶液中遇酒精或某些盐类如 $Al_2(SO_4)_3$、$AlCl_3$、$MgSO_4$ 等易沉淀，故可分离果胶。

原果胶在原果胶酶或酸的作用下，被转化成果胶；果胶被果胶甲酯水解酶催化去掉甲酯基团，生成果胶酸；果胶酸酶切断果胶酸中的 α-1,4-糖苷键，生成半乳糖醛酸，半乳糖醛酸进入糖代谢途径被分解放出能量。

4. 果胶酶的作用

果胶酶是指分解植物主要成分——果胶质的酶类。果胶酶包括两类，一类能催化果胶解聚，另一类能催化果胶分子中的酯水解。其中催化果胶物质解聚的酶分为作用于果胶的酶（聚甲基半乳糖醛酸酶、醛酸裂解酶或者果胶裂解酶）和作用于果胶酸的酶（聚半乳糖醛酸酶、聚半乳糖醛酸裂解酶或者果胶酸裂解酶）。催化果胶分子中酯水解的酶有果胶酯酶和果胶酰基水解酶。

果胶酶是水果加工中最重要的酶，应用果胶酶处理破碎果实，可加速果汁过滤、促进澄清等。将其他的酶与果胶酶共同使用，其效果更加明显，如采用果胶酶和纤维素酶的复合酶系制取南瓜汁，大大提高了南瓜的出汁率和南瓜汁的稳定性。通过扫描电子显微镜观察南瓜果肉细胞的超微结构，显示出单一果胶酶制剂或纤维素酶制剂对南瓜果肉细胞壁的破坏作用远不如复合酶系。

由黑曲霉经发酵精制而得的果胶酶，外观呈浅黄色粉末状。主要用于果蔬汁饮料及果酒的榨汁及澄清，对分解果胶具有良好的作用。作用 pH 范围 2.5～6.0，最适作用 pH 3.5。作用温度为 15～55℃，最适作用温度为 50℃。最佳贮藏条件为 4～15℃，一般为室温贮藏，避免阳光直射。

任务 1　果胶酶的活力测定

果胶酶活力的测定方法主要包括：①黏度降低法。利用黏度计测量在一定温度、酶浓度和一定反应时间内，标准果胶溶液的黏度降低值。②脱胶作用时间法。以脱胶作用的时间来测定果胶酶的酶活力。③次亚碘酸法。果胶酶本质上是聚半乳糖醛酸水解酶，果胶酶水解果胶主要生成 β-半乳糖醛酸，用滴定法定量测定半乳糖醛酸的生成量，以表示果胶酶的酶活力。④还原糖法（DNS法）。果胶酶水解果胶生成半乳糖醛酸，后者是一种还原糖，与 3,5-二硝基水杨酸共热后被还原成棕红色的氨基化合物，在一定的范围内，还原糖的量和反应液的颜色呈比例关系，可利用比色法在 540nm 进行测定。本实验采用次亚碘酸法。

1. 果胶酶的测定原理

果胶酶水解果胶，生成半乳糖醛酸，后者具有还原性醛基，可用次亚碘酸法进行定量测定，所生成半乳糖醛酸的量可用于表示果胶酶的活力。

酶解反应：

$$果胶 \xrightarrow{\text{果胶酶}} 半乳糖醛酸$$
$$(C_6H_{10}O_7)$$

含游离醛基的糖于碱性溶液中，在碘的作用下被氧化成相应的酸：

$$C_6H_{10}O_7 + I_2 + 2OH^- \longrightarrow C_6H_{10}O_8 + 2I^- + H_2O$$

过量的碘和氢氧根离子生成次碘酸根离子，当溶液呈酸性时，碘析出：

$$I_2 + 2OH^- \longrightarrow OI^- + I^- + H_2O$$

$$OI^- + I^- + 2H^+ \longrightarrow I_2 + H_2O$$

用硫代硫酸钠滴定剩余的碘，计算出醛基氧化时所消耗的碘量。

$$I_2 + 2S_2O_3^{2-} \longrightarrow 2I^- + S_4O_6^{2-}$$

2. 实验材料

① 1％果胶溶液：称量 0.1g 果胶粉，加热水溶解，煮沸，冷却后过滤，定容至 10mL。

② 配制 0.1mol/L 柠檬酸-柠檬酸钠缓冲液（pH3.5）：甲液称取柠檬酸 1.05g，用水溶解并定容至 50mL；乙液称取柠檬酸三钠 1.47g，用水溶解并定容至 50mL；甲乙两液以 7∶3 的比例混匀，调 pH 至 3.5。

③ 0.1mol/L 碘溶液：称碘化钾 1g，溶于 0.8mL 水中，另取碘 0.508g 溶于碘化钾溶液中，待全部溶化后定容至 40mL。

④ 果胶酶溶液：取 0.1g 果胶酶用 10mL 柠檬酸-柠檬酸钠缓冲液溶解。

⑤ 0.025mol/L 硫代硫酸钠溶液：0.62g 固体定容至 100mL，稀释 20 倍。

⑥ 1mol/L 碳酸钠溶液，0.53g Na_2CO_3 固体定容至 5mL。

⑦ 2mol/L 硫酸：取 11.2mL 硫酸溶液缓慢加到适量水中，冷却后用水定容至 100mL，摇匀。

⑧ 0.5％淀粉指示剂：取可溶性淀粉 0.5g，加纯化水 5mL 搅拌均匀后，缓缓倾入 95mL 沸水中，边加边搅拌，直至加完，继续煮沸 2min，放至室温，取上清液，取得。

3. 实验步骤

① 量取 1％果胶溶液 10mL，实验组加入 5mL 酶液和 5mL 柠檬酸-柠檬酸钠缓冲液，对照组加入 10mL 柠檬酸-柠檬酸钠缓冲液。

② 在 50℃水浴 2h，取出加热煮沸 1～2min。

③ 冷却后，取 5mL 反应液移入碘量瓶中，加 1mol/L 碳酸钠 1mL、0.1mol/L 碘液 5mL，摇匀，暗处放置 20min，加 2mol/L 硫酸 2mL，用 0.025mol/L 硫代硫酸钠滴定至淡黄色。

④ 接着加 0.5％淀粉指示剂 1mL，硫代硫酸钠继续滴定至蓝色消失为止，记下所消耗的硫代硫酸钠体积（A）。

⑤ 空白对照取混合液 5mL 同样进行滴定，记录所消耗硫代硫酸钠的体积（B）。

⑥ 每个样品最少做三个平行。

⑦ 计算：满足上述条件下，每小时酶促催化果胶分解生成 1mg 游离半乳糖醛酸定为一个酶活力单位，其中半乳糖醛酸的分子量为 194.14。

$$果胶酶的活力 = \frac{(A-B) \times N \times 0.5 \times 194.14 \times 20 \times n}{5_1 \times 5_2 \times 2} \text{U/g(mL)} \quad (2-5)$$

式 2-5 中，A 为空白滴定所消耗硫代硫酸钠的体积，mL；B 为样品滴定所消耗硫代硫酸钠的体积，mL；N 为硫代硫酸钠物质的量浓度，1mol/L；0.5 为 1mmol/L 硫代硫酸钠相当于 0.5mmol/L 半乳糖醛酸；194.14 为半乳糖醛酸分子量；20 为反应液总体积，mL；5_1 为反应时加入稀释后酶液体积，mL；5_2 为吸取反应液体积，mL；n 为稀释倍数；2 为反应时间，h。

4. 注意事项

① 果胶酶液应当天配制。

② 滴定过程中应仔细注意溶液颜色变化，不要过量。

任务 2 果胶酶的发酵生产

天然来源的果胶酶广泛存在于动植物和微生物中，但动植物来源的果胶酶产量低难以大规模提取制备，微生物则是生产果胶酶的优良生物资源，在微生物中，细菌、放线菌、酵母和霉菌都能代谢合成果胶酶。由于真菌中的黑曲霉属于公认安全级，其代谢产物是安全的。因此目前市售的食品级果胶酶主要来源于黑曲霉，最适 pH 值一般在酸性范围。

液体发酵生产果胶酶时，将原料送入发酵罐内，同时接入产果胶酶菌种。发酵过程中，需要从发酵罐底部通入无菌空气对物料进行气流搅拌，发酵完的物料经过处理可得到果胶酶产品。

工艺流程如图 2-3 所示。

图 2-3 液体发酵法生产果胶酶工艺流程

① 菌种：黑曲霉。

② 培养基：种子培养基使用察氏培养基。发酵培养基配方为：蔗糖 20g/L，硝酸钾 20g/L，硫酸镁 5g/L，磷酸二氢钾 5g/L，pH 自然。

③ 发酵过程：利用无菌水将培养 48h 的黑曲霉斜面孢子洗下，振荡制得 10^7 个/mL 左右的单孢子悬液。取 2mL 单孢子悬液接种于装有 100mL 发酵培养基的 250mL 摇瓶中，于 28℃、180r/min 的振荡器中培养 48h。

④ 果胶酶活力测定：发酵过程中，以果胶酶活力为监控指标，酶的活力测定按任务 1 进行。

液体深层发酵的方法具有培养条件容易控制，不易染菌，生产效率高等特点。因此，目前此方法是大规模生产的可行方法。

任务 3　果胶酶的分离纯化

微生物产生的果胶酶多为胞外酶，得到酶粗提物后，分离纯化的第一步就是根据酶蛋白质溶解度性质，采用中性盐盐析法、有机溶剂沉淀法、等电点沉淀法或聚乙二醇沉淀法等将目的蛋白沉淀出来。多数果胶酶分离纯化的首选方法是以硫酸铵分级沉淀的粗提纯方法。进一步的纯化通常根据目的酶的分子量大小、电荷性质、亲和专一性等，单一或联合使用凝胶色谱、离子交换、亲和色谱等方法。

1. 粗酶液的制备

黑曲霉发酵生产的果胶酶为胞外酶，粗酶液制备比较简单，即通过过滤获取滤液或离心获取上清液即可。离心条件为 5000r/min、15～20min，取上清液。

2. 果胶酶的初步纯化

（1）硫酸铵盐析

制得的粗酶液，先用 40％饱和度的硫酸铵沉淀，离心取上清液，加硫酸铵使饱和度达到 70％，再次离心取沉淀得初制品。

（2）有机溶剂沉淀

另一种用于初步提纯、浓缩果胶酶的方法是有机溶剂沉淀法。通常使用的有机溶剂有甲醇、乙醇、丙醇和丙酮。将粗酶液用 60％的丙酮沉淀，离心取沉淀得初制品。

3. 果胶酶的精制

采用 Phenyl-Sepharose FF 疏水色谱对果胶酶进行精制。经硫酸铵盐析制备得到的沉淀，用 0.02mol/L 醋酸-醋酸钠缓冲液（pH 5.5）溶解，配制成质量浓度为 1mg/mL 的样品。取 1mL 样品上样到用上述缓冲液平衡的 Phenyl-Sepharose FF 疏水色谱柱上，线性梯度洗脱至盐终浓度为 0，流速 2mL/min，自动部分收集洗脱液，同时在 280nm 检测蛋白质含量，测定果胶酶活性，收集果胶酶高活性组分，冷冻干燥得果胶酶粉末。

任务 4　果胶酶的应用

果胶酶是果汁生产中最重要的酶制剂之一，已被广泛用于果汁的提取和澄清。在果汁生产过程中，通过果胶酶处理，有利于压榨，提高出汁率；在沉降、过滤、离心分离过程中，有利于沉淀分离，达到果汁澄清效果。经果胶酶处理的果汁稳定性好，可以防止在存放过程中出现浑浊。另外，果胶酶还可以提高超滤时的膜通量，改善浓缩果汁品质，改善果蔬饮料的营养成分，脱除及净化果皮，影响浑浊柑橘汁的稳定性等，已广泛用于苹果汁、葡萄汁、柑橘汁等果汁的生产。

1. 果胶酶提高果蔬汁的出汁率和营养成分

目前果汁的提取方法主要是加压榨出和过滤。果汁加工时首先将植物细胞壁破坏。大多数植物细胞壁主要由纤维素、半纤维素和果胶物质等组成。细胞壁的结构较紧密，单纯依靠机械或化学方法难以将其充分破碎。另外，果胶随成熟度的增加，酯化程度较高，也是影响出汁率的主要因素之一。

添加果胶酶处理的优点：破坏果实细胞的网状结构，提高果实的破碎程度；有效降低其黏度，改善压榨性能，提高出汁率和可溶性固形物含量，缩短压榨时间；同时把大分子的果胶物质降解后，有利于后续的澄清、过滤和浓缩工序。

在果肉搅拌 $15 \sim 30$min 后，直接添加 0.04％果胶酶，并于 45℃下处理 10min，即可多产果汁 12％～24％；也可以与聚乙烯吡咯烷酮配合使用，酶处理温度可降低到 40℃，可多产果汁 12％～28％。

把纤维素酶与果胶酶结合使用，使果肉全部液化，用于生产苹果汁、胡萝卜汁和杏仁乳，产率高达 85％。

苹果汁的 pH 值一般为 3.2～4.0，处在果胶酶的作用范围内，处理时不用调节 pH 值。如果有些苹果汁 pH 值特别低，可以采用较高 pH 值的苹果汁与之混合，进行必要的调整。但要注意，在任何情况下都不宜采用加入碱液的方法进行 pH 值的调整。处理时的温度对果胶酶的反应速度有明显影响，适当提高温度，可使处理时间缩短。通常在 30～50℃，处理时间为 30～50min。

经过果胶酶的处理，果蔬汁的可溶性固形物含量明显提高，而这些可溶性固形物由可溶性蛋白质和多糖类物质等组成，果蔬汁中胡萝卜素的保存率也明显提高。

此外，由于果胶的脱酯化和半乳糖醛酸的大量生成，造成果汁的可滴定酸度上升，pH 下降，芳香物质含量也有明显提高。经果胶酶处理后的葡萄汁，各种酯类、萜类、醇类和挥发性酚类含量提高，葡萄汁的风味更佳。由于细胞壁的崩溃，类胡萝卜素、花色苷等大量色素溶出，大大提高了果蔬汁的外观品质。K、Na、Ca、Zn 等矿物质元素含量也有较大提高。

下面以苹果汁生产为例，说明果胶酶对果蔬汁的出汁率和主要营养成分的影响。

① 材料与试剂：苹果，果胶酶（食品级）。

② 仪器与设备：烧杯，组织捣碎机，水浴锅，纱布，阿贝折光计，凯氏定氮仪，紫外可见分光光度计，恒温振荡水浴箱（控温精度±1℃），高效液相色谱仪（带紫外检测器）。

③ 实验操作：用组织捣碎机制备苹果泥，实验组为 10g 苹果泥和 10mL 1％

果胶酶（对照组为 10mL 蒸馏水）混合，50℃水浴保温 30min，观察两组果汁的澄清度，直至果汁澄清透明，用四层纱布过滤出果汁，分别收集滤液。

④ 测定、记录实验结果：测定实验组和对照组果汁体积、主要营养成分（固形物含量、蛋白质含量、总糖含量、胡萝卜素含量等），按照表 2-2 填写结果。

▢ 表 2-2 果胶酶对果蔬汁的出汁率和主要营养成分的影响

成分	果汁体积/mL	固形物/%	蛋白质/(g/100g)	总糖/(g/L)	胡萝卜素/(μg/100g)
对照组					
果胶酶组					
提高比值/%					

用量筒测量所收集果汁的体积，固形物含量测定可参考国家标准 GB/T 12143—2008《饮料通用分析方法》中可溶性固形物测定的方法，蛋白质含量的测定可参考国家标准 GB 5009.5—2016《食品安全国家标准　食品中蛋白质的测定》中的凯氏定氮法，总糖的测定可参考国家标准 GB/T 15038—2006《葡萄酒、果酒通用分析方法》中关于总糖和还原糖测定的方法，胡萝卜素的测定可参考国家标准 GB 5009.83—2016《食品安全国家标准　食品中胡萝卜素的测定》方法。

2. 果胶酶使果蔬饮料、果酒澄清

果胶物质是造成果汁浑浊的主要因素。果胶大分子阻碍了固体粒子的沉降，有很高的黏度。水果经破碎后的果汁中含有果胶、纤维素等固形物，根据分子大小，果胶起到植物纤维的作用，它阻止甚至使液体流动停止，使固体粒子保持悬浮、汁液处于均匀的浑浊状态，既难沉淀，又不易滤清，影响果汁澄清。

目前在果汁生产中常用的澄清方法主要有自然澄清法、热处理法、冷冻法、酶法、加澄清剂法、离心分离法和超滤法。采用超滤工艺甚至能生产出"无菌"的果汁，但一般在超滤之前对果蔬原汁进行酶法处理或澄清处理，否则单独使用往往是不可行或者不经济的。对大多中小型饮料厂而言，引进这些设备投资大、费用高，而加澄清剂的澄清工艺则投资少、见效快。

果酒是以各种果汁为原料，通过微生物发酵而成的含酒精饮料，有桃酒、梨酒、荔枝酒等。葡萄酒以葡萄汁为原料酿造而成，含酒精 10%～12%，根据颜色的不同可分为红葡萄酒和白葡萄酒两类。在葡萄酒等果酒生产过程中，已经广泛使用果胶酶和蛋白酶等酶制剂。

果胶酶用于葡萄酒生产，除了在葡萄汁的压榨过程中应用，以利于压榨和澄清，提高葡萄汁和葡萄酒的产量外，还可以提高产品质量。例如，使用果胶酶处理以后，葡萄中单宁的抽出率降低，使酿制的白葡萄酒风味更佳；在红葡萄酒的酿造过程中，葡萄浆经果胶酶处理后可提高色素的抽出率，还有助于葡萄酒的老熟，增加酒香。

下面以葡萄酒澄清生产工序为例，说明果胶酶对果蔬饮料、果酒澄清的影响。

① 材料与试剂：葡萄酒，江苏科技大学生物工程实训中心自制；果胶酶（食品级）。

② 仪器与设备：烧杯，水浴锅，离心机，紫外可见分光光度计。

③ 实验操作：取 6 份葡萄酒各 50mL，其中 3 份为空白对照重复组，另 3 份为实验处理重复组。处理组葡萄酒中按 0.05g/L 的量加入果胶酶，混匀，20℃静置 10h 后，4000r/min 离心 15min，取上清液，测定 A_{720}。

④ 结果计算：取每组的平均值计算葡萄酒的透光率和果胶酶的澄清效率。

$$透光率 = 10^{-A_{720}} \times 100\% \tag{2-6}$$
$$澄清效率 = (T_1 - T_2)/T_0 \times 100\% \tag{2-7}$$

式中，T_1 为实验组的透光率；T_2 为对照组的透光率；T_0 为样品初始透光率。

3. 果胶酶用于提高超滤效率

利用超滤技术生产清汁及浓缩清汁在果蔬汁加工业中非常广泛。超滤比传统的过滤速度快、效果好，但它的主要缺点是由于果蔬汁中大量糖的存在，在超滤过程中会使超滤系统产生次生覆膜，降低了超滤通量。加入分解多糖物质的商品果胶酶，可减少次生覆膜的产生，提高超滤通量，增加了产量。因此，脱胶对于获得较高的膜通量和浓缩比非常关键。除了可以提高膜通量，果胶酶还可用于超滤膜的清洗。与化学方法相比，利用果胶酶清洗超滤膜能 100% 地进行生物降解，而且可以在最佳 pH、温度下作用，从而可以缩短清洗时间，增加超滤膜的膜通量和使用寿命，增加产量，节省能源。

以对甜橙汁超滤工序为例，说明果胶酶对超滤效果的影响。

① 试验材料：甜橙，果胶酶（食品级）。

② 仪器与设备：榨汁机，烧杯，水浴锅，离心机，Millipore 小型超滤系统，紫外可见分光光度计。

③ 实验操作：将甜橙榨汁，取 4 份各 200mL，分别添加 0（对照组）、0.03%、0.06%、0.09% 的果胶酶，在 50℃ 条件下保持 2h，将果胶酶处理后的甜橙汁离心，记录上清液体积，上清液用超滤系统进行过滤。超滤膜截留分子量为 10k，超滤压差 0.2MPa，采用全循环的超滤模式，测定不同时间、不同果胶酶添加量情况下的膜通量，考察果胶酶添加量对膜通量的影响。

④ 分析测定：膜通量是指单位时间内通过单位膜面积的透过液的容积或质量，用 J 表示，单位 $kg/(m^2 \cdot h)$ 或 $L/(m^2 \cdot h)$。工业上常用 $L/(m^2 \cdot D)$。计

算公式如下：

$$J = \frac{V_P}{A_m \times t} \tag{2-8}$$

式中，V_P 为透过液的容积或质量，L 或 kg；A_m 为超滤膜的有效面积，m^2；t 为时间，h。

考核与评价

1. 考核

(1) 次亚碘酸法测定果胶酶活力的原理是什么？

(2) 试述果胶酶的作用原理。

(3) 果胶酶的来源有哪些？

2. 教师评价

(1) 理论基础得分：_____；

(2) 实验操作得分：_____；

(3) 总体评价：_____。

参考文献

[1] 全桂静，王硕. 果胶酶液体发酵条件与分离纯化的研究 [J]. 现代食品科技，2009，25 (11)：1338-1341.

[2] 康晶，刘晓兰，郑喜群，等. 黑曲霉 YY-22 产酸性果胶酶的分离纯化 [J]. 现代食品科技，2014，30 (5)：191-195.

[3] GB/T 12143—2008.

[4] GB 5009.5—2016.

[5] GB/T 15038—2006.

[6] GB 5009.83—2016.

[7] 韩希凤，李书启，陈存坤，等. 石榴果酒澄清剂的筛选及澄清工艺优化 [J]. 食品研究与开发，2021，42 (18)：65-71.

[8] 刘达玉，王世宽，张强. 酶法离心处理对甜橙汁及其超滤的影响 [J]. 西南农业大学学报，2000，22 (5)：410-412.

[9] 刘亚萍，楚杰，何秋霞，等. 发酵石榴酒澄清剂的筛选及澄清条件优化 [J]. 食品工业科技，2017，(38) 03：175-179，185.

[10] 中华人民共和国国家标准 GB 1886.174—2016.

辅助视频

淀粉酶的性质及淀粉酶在食品工业中的主要应用。

模块三
微生物发酵

项目一　发酵罐的认识和使用

🔲 背景知识

　　发酵罐是工业上用来进行微生物发酵的主要设备，广泛应用于乳制品、饮料、生物工程、制药、精细化工等行业。发酵罐是按照工艺要求，保证和控制各种发酵条件，以促进微生物的生长代谢，使之在低能耗下获得较高产量的一种设备。发酵罐的主体一般为用不锈钢板制成的主式圆筒，容积可从几升至几百吨，具有良好的传热、传质性能；操作方便，易于控制；便于清洗和灭菌；能满足多种微生物的发酵条件和多种产品的生产要求；具有可靠的检测及控制仪表。

任务 1　发酵罐的认识

1. 发酵罐的类型

　　可用于生化反应过程的发酵罐种类繁多，它们在设计、制造和操作方面的精密程度，取决于发酵微生物、产物和发酵类型对发酵罐的要求。发酵罐的分类有以下几种。

　　（1）按照发酵罐容积分类

　　发酵罐的容量有多种不同规格，按使用范围可分为实验室小型发酵罐（图3-1）、中试生产发酵罐、大型发酵罐等。一般认为500L以下的是实验室发酵罐；500~5000L是中型发酵罐；5000L以上是生产规模的发酵罐。

　　（2）按照微生物生长代谢需要分类

　　这种方法将发酵罐分为好氧和厌氧两大类。好氧发酵需要在发酵过程中不断

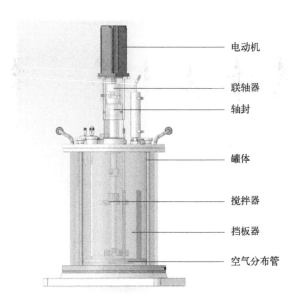

电动机

联轴器

轴封

罐体

搅拌器

挡板器

空气分布管

图 3-1　小型发酵罐的主视图

通入氧气，厌氧则不需要氧气。氨基酸、抗生素、酶制剂、维生素等产品需要在好氧发酵罐中进行；丙酮、丁醇、酒精、啤酒、乳酸采用厌氧发酵罐。

好氧发酵罐根据通风方式不同，又可分为机械搅拌通风式发酵罐、自吸式发酵罐、气升式发酵罐和塔式发酵罐。

（3）按照发酵过程使用的生物体分类

按照发酵罐中的活性生物体，可将发酵罐分为微生物反应器、酶反应器和细胞反应器。微生物反应器是以微生物为催化剂的设备，是工业生产中的主流设备；酶反应器是以酶为催化剂的设备，已被逐渐推广应用；细胞反应器是利用动植物细胞生产疫苗、单克隆抗体等产品的设备，多应用于生命科学和生物医药。

2. 发酵罐的特性

通风式发酵罐是广泛应用的深层好氧培养设备，常用于面包酵母、抗生素及氨基酸的生产。常用的通风发酵设备有：机械搅拌式、自吸式、气升式和鼓泡式等，其中以机械搅拌通风式发酵罐占主导地位。

（1）机械搅拌通风式发酵罐

机械搅拌通风式发酵罐依靠通入的空气，在搅拌器的作用下破碎并降低上浮速度，从而提高发酵液中气液的接触面积和时间，达到提高溶解氧和充分混匀发酵液的目的，实现好氧微生物的高效率发酵过程。

机械搅拌通风式发酵罐的主要部件有罐体、搅拌器、挡板、轴封、空气分布管、传动装置、冷却管（或夹套）、消泡器、人孔、视镜等。

① 罐体

罐体由圆柱体和椭圆形或碟形封头焊接而成。为满足工艺要求，必须能承受一定的压力和温度，通常要求耐受 130℃ 和 0.25MPa（绝对压强）的灭菌压力。壁厚取决于罐径、材料及耐受的压强，一般为 2～3mm。罐顶装设视镜及光照灯孔，还装设进料管、排气管、接种管和压力表等。罐身上设有冷却水进出管、进空气管及温度计、pH 计、溶氧仪等检测仪表接口。

② 搅拌器和挡板

搅拌器的主要作用是混合和传质，即使通入的空气分散成细小的气泡并与发酵液充分混合，以增大气-液界面，获得所需要的溶氧速率，并维持适当的气-液-固三相的混合与质量传递，同时强化传热过程。涡轮式搅拌叶轮是最常见的搅拌器，有平叶式、弯叶式和箭叶式三种形式。发酵罐内流体在被搅拌时，常有径向流、轴向流和切线流三种流型，其中径向流和轴向流是有利的，而切线流是有害的。在发酵罐的内壁上安装挡板是克服切线流最好的方法。挡板可以防止因搅拌而在中央形成的旋涡，并使径向流变成轴向流，促进液态翻动，提高溶氧量。

③ 轴封

发酵罐搅拌轴是通过轴封进入发酵罐，实现摩擦力小、转动灵活、传动效率高的搅拌过程。轴封使轴和孔之间存在一定的间隙的同时，还能密封间隙防止发酵液的泄漏和杂菌的污染。轴封分为单端面轴封和双端面轴封。单端面轴封由动环、静环、弹簧圈、压盖组成。静环嵌在罐体上（或下）封头的孔内，和罐体之间靠一平橡胶垫片密封，把搅拌轴与罐体之间的摩擦转移到轴和静环之间的摩擦，减少了轴和罐体之间的相互磨损。双端面轴封在结构上相当于两个单端面轴封的重复，密封效果更好。

④ 空气分布管

对于一般的通气发酵罐，空气分布管有环形管和单管等结构形式。单管式结构简单又实用，管口正对罐底中央。环形空气分布管的空气喷口在搅拌叶轮叶片之内，同时喷气孔尽量向下以尽可能减少发酵液在环形分布管上滞留。喷孔直径取 2～5mm 为好，且喷孔的总截面积等于空气分布管的截面积。对于机械搅拌通风发酵罐，分布管内空气流速 20m/s 左右。

⑤ 消泡装置

由于发酵液中含有丰富的蛋白质等发泡物质，所以在通气、搅拌条件下会产生泡沫，发泡严重时会使发酵液随排气而外溢，不但损失发酵液，还增加了杂菌感染的风险。在发酵液中加入化学消泡剂和使用机械消泡装置是通气发酵生产中的两种消泡方法。最简单、实用的消泡装置有锯齿式、孔板式和梳状式等，可直接安装在搅拌的轴上，消泡器底部应比发酵液液面高出适当高度。此外，还有涡轮消泡器、旋液分离式消泡器、刮板式消泡器、碟片式消泡器等，它们的工作原理都是离心分离。

⑥ 换热装置

发酵罐中的换热装置可分为换热夹套、竖式蛇管和竖式列管（排管）三种。对于 5m³ 以下的发酵罐往往应用夹套换热装置，其优点是结构简单、加工方便，但换热系数较低。对于大于 5m³ 以上的大型发酵罐常使用竖式蛇管和竖式列管换热装置。竖式蛇管一般在发酵罐会设置 4 组或 6 组，管内水的流速大，传热系数高，但冷却效率低；竖式列管以分组对称装于发酵罐内，有利于提高传热推动力的温差，加工方便，但用水量大。

⑦ 轴承和联轴器

小型发酵罐可采用法兰将搅拌桨连接；中型发酵罐一般在罐内装有底轴承；大型发酵罐装有中间轴承，罐内轴承不能加润滑油，应采用液体润滑的塑料轴瓦，如石棉酚醛塑料、聚四氟乙烯等。大型发酵罐的搅拌轴较长，常分为 2～3 段，用联轴器使上下搅拌轴成牢固的刚性连接，常用的联轴器有鼓形及夹壳两种。

（2）自吸式发酵罐

自吸式发酵罐是一种无需专门为发酵罐内导入压缩空气的好氧发酵罐。自吸式发酵罐在 20 世纪 50 年代初期首先用于食醋的生产，当时被称为 Frings 发酵罐。我国 20 世纪 70 年代开始使用自吸式发酵罐，现在已取得较大发展，在醋酸、酵母、有机酸、维生素等生产研究方面得到应用。自吸式发酵罐是一种利用空气作为推动力而完成对物料搅拌混合和溶氧传质的设备，该设备具有溶氧效率高、结构简单、操作方便、能耗低等优点。但自吸式发酵罐的进罐空气处于负压，因而存在一定的染菌概率，同时搅拌转速高，有可能使菌丝被搅拌器切断，影响菌体的正常生长。

常见的自吸式发酵罐有：机械自吸式发酵罐、喷射自吸式发酵罐和溢流喷射自吸式发酵罐。

① 机械自吸式发酵罐

机械自吸式发酵罐的主要构件是吸气搅拌叶轮和导轮，简称为转子和定子。转子的形式有多种，如三叶轮、六叶轮、九叶轮等。其工作原理是：具有空腔的转子由从罐底向上伸入的主轴带动进行高速旋转，会在开孔处产生压差，形成局部的真空，于是气体通过进气管被吸入并到达转子的开孔处，空气与发酵液混合好后高速喷射排出，并立即通过定子向罐壁分散，经挡板折流涌向液面均匀分布，实现供氧和搅拌的功效，满足微生物发酵过程的需求。自吸式发酵罐装吸氧效率高，气泡分散较细，气液接触良好。虽然自吸式发酵罐的搅拌转速高，功率较大，但节约了空气压缩机所消耗的大量动力，总动力消耗减少。

② 喷射自吸式发酵罐

喷射自吸式发酵罐是应用文氏喷射吸气装置进行混合通气的，既不用空压机，也不用机械搅拌转子。其原理是用泵将发酵液压入文氏管中，由于文氏管的收缩段中液体的流速增加，形成负压将空气吸入，并使气泡分散与液体混合，增加发酵液中的溶解氧。这种设备的优点是：吸氧的效率高，气、液、固三相均匀混合，设备简单，无需空气压缩机及搅拌器，动力消耗少。

③ 溢流喷射自吸式发酵罐

溢流喷射自吸式发酵罐的通气是依靠溢流喷射器，其吸气原理是液体溢流时形成抛射线，由于液体的表面层与其相邻气体的动量传递，使边界层的气体有一定的速率，从而带动气体的流动形成自吸气作用。要使液体处于抛射非淹没溢流状态，溢流尾管略高于液面尾管 1~2cm 时，吸气速率较大。此类型的发酵罐典型的有 Vobu-J 单层溢流喷射自吸式发酵罐和 Vobu-J 双层溢流喷射自吸式发酵罐。

(3) 气升式发酵罐

气升式发酵罐是 20 世纪末开始发展应用的一种新型生物反应器，利用空气喷嘴喷出高速的空气，空气以气泡形式分散于液体中，在通气的一侧，液体平均密度下降，在不通气的一侧，液体密度较大，因而与通气侧的液体产生密度差，从而形成发酵罐内液体的环流。其特点是无搅拌传动装置，结构简单，易于加工制造；液体中的剪切作用小，对微生物的伤害小；溶解氧速率和效率高；发酵液中气、液、固三相均匀混合；传热良好，冷却效率高；维修、清洗及操作简便，杂菌污染风险小。但气升式发酵罐还不能代替耗气量较小的发酵罐，对于黏度较大的发酵液溶氧系数低。气升式发酵罐有多种形式，较常见的有气升环流式、塔式、鼓泡式、空气喷射式等。

① 气升环流式发酵罐

在气升环流式发酵罐的中央有一个导流筒，将发酵醪液分为上升区和下降区，在上升区的下部安装了空气喷嘴，或环型空气分布管，空气分布管的下方有许多喷孔。加压的无菌空气通过喷嘴或喷孔喷射进发酵液中，无菌空气高速喷入上升管，通过气液混合物的湍流作用而使空气泡分割细碎，与导流筒内的发酵液密切接触，供给发酵液溶解氧，实现混合与溶氧传质。

② 塔式发酵罐

塔式发酵罐又称柱式发酵罐、鼓泡塔或空气搅拌高位发酵罐等，基本结构是一中空圆筒，特点是罐身较高，高径比较大。罐内安装有多层用于空气分布的水平多孔筛板，下部装有空气分配器。压缩空气从分配器进入后带动发酵液同时上升，上升后的发酵液通过筛板上带有液封作用的导流管下降而形成循环。在空气上升过程中，经过多孔筛板多次分割，不断形成新的气液界面，提高了体系溶氧系数。且多孔筛板减缓了气泡的上升速度，延长了空气与液体的接触时间，从而提高了空气的利用率。

任务2 发酵罐的灭菌

发酵罐从装罐到放罐的过程中，最关键的步骤是灭菌操作。如果发酵罐中污染杂菌，会严重影响发酵过程，导致发酵的产量下降，更严重的可能会导致整个发酵过程的失败。杀菌效果的好坏直接影响发酵是否能正常进行。发酵罐灭菌工艺一般用0.1MPa的饱和蒸汽121℃条件下灭菌30min，但对于较大型发酵罐约需要45min。发酵系统越大，热容量越大，热量传递到每个节点所需的时间也越长，灭菌时间也需要相应延长。发酵罐的灭菌分为空消和实消两种。

1. 空消

空消是指只对发酵罐进行灭菌，5m³以上的发酵罐一般通过空消灭菌。在工业上一般连续化生产都采用空消，罐体和发酵液分别灭菌，设备的空消可以提高设备的利用率，利于实现连续化操作。

① 排空发酵罐各管路中水，关闭所有阀门，确认所有阀门紧闭后打开罐体上方的排气出口。

② 打开蒸汽-空气阀，使蒸汽进入空气管道灭菌。慢慢开启过滤器下端的排冷凝水阀，待冷凝水排完后，将此阀打到微开状态，将自动补压开关打到手动位置，使补压电磁阀处于开通状态，打开精过滤器后边的补压手动阀。

③ 打开进罐气液混合阀上的小阀，打开进料阀上端的小阀，打开过滤空气-上料阀上的小阀，直到各小阀有蒸汽"咝咝"喷出为止，保证有一定量的蒸汽通过过滤器，过滤器不能承受高温高压，调整蒸汽减压阀至0.12MPa，不得超过0.15MPa。

④ 保持30min后，迅速打开空气阀门并关闭蒸汽-空气阀，吹干吹凉，一般30min可达到要求。关闭所有相关的小阀门。

⑤ 关闭补压手动阀，半开排气阀；打开夹套下排水阀；打开蒸汽-过滤空气阀、上气液混合阀，使蒸汽从上路进入发酵罐内。将罐内压力升至0.12MPa，温度为120℃时开始计时，保持高温高压30min。

⑥ 当温度达到121℃时，打开取样阀、取样灭菌阀，微开过料阀及过料阀小阀门，调节蒸汽-过滤空气阀、上气液混合阀、排气阀以及下气液混合阀、卸料底阀，将温度控制在121～125℃之间，压力控制在0.11～0.15MPa之间，保持30min。

⑦ 依次关闭卸料底阀、下气液混合阀、上气液混合阀、取样阀、取样灭菌阀、过料阀、过料小阀、过滤空气-上料阀、蒸汽-过滤空气阀，半开排气阀。

⑧ 半开排气阀，微开过滤空气进气阀，给罐通入微量无菌空气，降温冷却。

2. 实消

实消是把培养液装入发酵罐后一起进行灭菌，适合对 5m³ 以下的小型发酵罐进行灭菌。体积小于 5L 的发酵罐可直接放入蒸汽灭菌锅中灭菌。实消可以用夹套间接加热，也可以直接给发酵液中通入蒸汽加热。间接加热速度慢，但对培养液浓度没有影响。直接加热速度快，但发酵液容易被稀释。实际使用时常把二者结合起来。

① 发酵罐先经空消后，投入发酵液进行实消。

② 开启发酵罐搅拌器进行搅拌，使发酵液受热均匀。当温度升到 80~90℃时，即可停止搅拌。然后待温度升至 121℃（罐压在 0.11~0.12MPa）时即可计时。

③ 保持时间一般为 30~40min。在此时间内应保证温度不低于 120℃。

④ 当保温结束时，应先把空气管路中的隔膜阀关闭。把空气过滤器排水阀关闭，以及关闭取样阀出口阀门和接种口螺帽。然后再关闭各路蒸汽阀门。

⑤ 打开冷却水阀门及排水阀门，同时打开空气流量计和空气放空阀门，把空气过滤器吹干。此时必须注意罐压的变化。不能让罐压低于 0.02MPa。当罐压达到 0.05MPa 时，立即将空气管路打开，保证发酵罐的罐压在 0.05MPa左右。

⑥ 当温度降到 95℃时，即可打开搅拌。当温度低于 50℃后，即可切入自动控温状态，使培养基达到接种温度，灭菌过程结束。

任务3　发酵罐的控制

1. 发酵温度控制

发酵过程中温度不仅能影响微生物的生长代谢和各种酶的反应速率，还对发酵液的理化性质产生影响，如发酵液的黏度、基质和氧在发酵液中的溶解度和传递速率、某些基质的分解和吸收速率等，进而影响发酵的动力学特性和产物的生物合成。在发酵过程中，需要维持适当的温度，才能使菌体生长和代谢产物的合成顺利进行。

微生物发酵所用的菌体大多是中温菌，如霉菌、放线菌和一般细菌，它们适宜的生长温度一般在 20~40℃。生物发酵罐的发酵温度是既适合菌体的生长，又适合代谢产物合成的温度。它随菌种、培养基成分、培养条件和菌体生长阶段不同而改变。理论上，整个发酵过程中不应只选一个培养温度，而应根据发酵的不同阶段选择不同的培养温度。在生长阶段和产物分泌阶段，应选择较合适的生产温度。

发酵罐的温度普遍采用热电偶测量。在工业生产的大发酵罐中一般不需要加热，发酵过程中释放了大量热量，需要冷却的情况较多。一般利用自动控制或手动调整的阀门，将冷却水通入发酵罐的夹层或蛇形管中，通过热交换降温，保持恒温发酵。

2. 发酵 pH 控制

pH 值对微生物繁殖和产物形成具有重要的影响。pH 值的变化会引起菌体的生长形态和代谢变化；影响酶的活性变化；改变微生物细胞膜所带电荷的状态，影响细胞的通透性，从而影响微生物对营养物质的吸收和产物的排放。为了使微生物能在最适的 pH 值范围内生长、繁殖，合成目标代谢产物，必须严格控制发酵过程的 pH 值。

发酵液中营养物质的代谢吸收是引起 pH 值变化的重要原因。由于微生物不断地吸收、同化营养物质和排出代谢产物，因此，在发酵过程中，发酵液的 pH 值是一直在变化的。为跟踪发酵过程中的 pH 变化，发酵罐带有 pH 传感器，能及时测定发酵过程中的 pH 值。大多数 pH 传感器都具有温度补偿系统。由于电极内容物会随使用时间或高温灭菌而不断变化，因而在每批发酵灭菌操作前均需进行标定。

要控制好发酵过程中 pH 值，首先是要将发酵液调节成菌种最适的 pH 值进行发酵。发酵过程中，随着基质的消耗及产物的生成，pH 值会有较大的波动。因此，在发酵过程中也应当采取相应的 pH 值调节和控制方法，主要有以下几种方法：

① 直接补加酸、碱物质，如 H_2SO_4、NaOH 等；

② 通过调整通风量来控制 pH 值；

③ 补加生理酸性或碱性盐基质，如氨水、尿素、$(NH_4)_2SO_4$ 等；

④ 采用补料方式调节 pH 值。

发酵过程中使用氨水和有机酸来调节 pH 时需谨慎。过量的氨会使微生物中毒，导致其呼吸强度急速下降。在需要通氨气来调节 pH 或补充氮源的发酵过程中，可通过监测溶解氧浓度的变化防止菌体出现氨过量中毒现象。

3. 溶解氧的控制

溶解氧（DO）是指溶解于水中分子状态的氧。工业发酵所用的微生物多数为好氧菌，少数为厌氧菌或兼性厌氧菌。好氧微生物的生长和代谢活动都需要氧气，而液体中的微生物只能利用溶解氧。氧是难溶于水的气体，在室温及常压条件下，纯氧的溶解度约为 36mg/L。在好氧发酵中，氧气的供应往往是发酵能否成功的重要限制因素之一。

临界溶解氧是指不影响微生物呼吸所允许的最低溶氧浓度。当发酵液中的溶氧浓度低于此临界氧浓度时，微生物的好氧速率将随着溶解氧浓度降低而很快下降，此时溶解氧成为微生物生长的限制因素。当发酵液中的溶氧浓度高于此临界氧浓度时，微生物的好氧速率并不会随着溶解氧浓度的升高而上升，而是保持基本恒定，有利于微生物的生长代谢。

（1）调整氧传递推动力

通常情况下，氧分子从气体主体扩散到液体主体的传质速率即氧的传质方程式可表示为：

$$ORT = K_L a(C^* - C_L) \qquad (3\text{-}1)$$

式中，ORT 为单位体积培养液中的氧传递速率，$mol/(m^3 \cdot s)$；K_L 为以氧浓度为推动力的总传质系数，m/s；a 为比表面积，m^2/m^3；C^* 为与气相氧分压相平衡的氧浓度，mol/m^3；C_L 为液相主体氧浓度，mol/m^3。

通常 K_L 和 a 合并作为一个项目处理，称为容积传递系数（s^{-1}）。培养物处于充裕的通气状态时，C_L 会逐渐接近 C^*；反之 C_L 逐渐下降而趋于 0，这时氧传递速率最大，因此将（$C^* - C_L$）称为推动力。

影响氧在溶液中饱和浓度 C^* 的因素包括培养基养分的丰富程度、培养温度、氧分压等。因此采用限制培养基养分、降低培养液的温度或提高发酵罐氧分压等方式可以提高 C^*。但这些方法均有一定的局限性。发酵培养基的组成和培养温度是根据已知菌种的生理特性和生物合成代谢的需要而确定的，不能随意改变。采取提高罐压的措施固然能增加 C^*，但同时也会增加其他气体（如二氧化碳）的浓度，而且二氧化碳在水中的溶解度比氧高 30 倍。在高的罐压下，不利于液相中二氧化碳的排除，从而影响菌体的生理代谢。因此，在实际生产中增加罐压有一定的限度，最好能控制在 0.1MPa 以下。此外，对产值高、规模小的发酵在关键时刻可以通过富氧通气增加发酵罐内的氧分压，但这种方法在大生产中既费事又不经济，且纯氧易引起爆炸。

（2）调整容积传递系数（$K_L a$）

从一定意义上讲，$K_L a$ 越大，好氧生物反应器的传质性能越好。影响 $K_L a$ 的因素可分为操作变量、反应液的理化性质和反应器的结构三个部分。操作变量包括温度、压力、通风量和转速（搅拌功率）等；发酵液的理化性质包括发酵液的黏度、表面张力、组成成分、流动状态、发酵类型等；反应器的结构包括反应器的类型、反应器各部分尺寸的比例、空气分布器的型式等。因此，改变容量传递系数 $K_L a$ 可以从改变上述三个方面入手。在生产实践中，主要通过改变操作条件和优化反应器的结构来提高 $K_L a$，进而提高发酵液的溶解氧浓度。

发酵液中的气泡愈小，单位体积内气泡与发酵液的接触面积就愈大，液体中的溶氧速率也愈快。溶氧大小主要是由通气量与搅拌两大因素决定的。研究表明，提高搅拌转速比增加通气量效果更为显著。但不能盲目地增加通气量和提高搅拌速度。通气量过大会增加空气过滤的负担和染菌的概率；搅拌速度过快会产生很大的剪切力，导致微生物的失活。

4. 消泡的控制

泡沫是大量气体分散在液体中的分散体系，其分散相是气体，连续相是发酵液。大量泡沫的产生会对工艺生产造成巨大的危害，如减少生产能力、影响产品质量、影响生产的正常进行等，这就需要人们通过各种方法来消除泡沫。泡沫控制的目的是使泡沫中的气泡及时破裂，使气相和液相分离。因此，可以通过化学方法，降低泡沫液膜的表面张力或黏度，使泡沫破灭。也可利用机械消泡的方法使泡沫液膜的某些部分局部受力，打破液膜原来的受力平衡而破裂。

(1) 化学消泡

化学消泡是指向发酵液中流加一定量的消泡剂，利用消泡剂的特殊性质消除泡沫的方法。根据消泡剂种类的不同，化学消泡的机理通常有以下两种：①降低泡沫的机械强度；②降低液膜表面黏度。消泡剂具有消泡效果好，使用方便的优点。与机械消泡相比作用迅速，每次只需要加入很少的量，即可取得很好的消泡效果。目前在发酵生产行业中主要使用的消泡剂有：天然油脂、高碳醇和酯类、聚醚类以及硅酮类（表 3-1）。

▣ 表 3-1　发酵行业中常用的消泡剂

种类	简介	举例
天然油脂	由于在水中难以铺展，消泡能力差，成本高，有被取代的趋势，但油脂还可以作为一种碳源，目前还在使用	玉米油、米糠油、豆油、鱼油、猪油等
高碳醇和酯类	可以单独使用，也可以和载体一起使用，具有良好的消泡效果，持久性也比较好	十八醇、聚二醇、苯乙酸乙酯等
聚醚类	聚醚类消泡剂容易铺展，不易挥发，热稳定性好，具有很好的消泡效果，抑泡效果也不错，是目前使用最为广泛的一种消泡剂	聚氧丙烯甘油醚（GP 消泡剂）、聚氧丙烯氧化乙烯甘油醚（GPE 消泡剂）
硅酮类	硅酮类消泡剂对于微酸性环境效果较差，但对于微碱性微生物的发酵具有较好的消泡效果	聚二甲基硅氧烷及其衍生物、羧基聚二甲基硅氧烷

在消泡剂使用的时候，通常不是单一地加入某种物质，还需要加入载体、乳化剂或展开剂等物质来辅助完成消泡的目的。单纯的有机硅本身没有消泡的能力，但是将其乳化后，表面张力迅速降低，使用很少的量即能达到很好的消泡和抑泡作用。另外消泡剂使用时主要是让其能够很快地分散，这样可以使消泡剂更快地发挥作用。在发酵工业生产中通常会采用机械搅拌，使消泡剂更易于分散在反应液中；将消泡剂与载体一起使用，使消泡剂溶于或分散于载体中；多种消泡剂并用增强消泡作用等方法。

（2）机械消泡

机械消泡是通过机械力所引起的强烈振动或者压力的不断变化，促使泡沫破裂，以达到消泡的目的。理想的生物反应器应该具有优化的系统，在完成气体及微生物分散的同时，尽量减少能耗以及对发酵过程的影响。机械消泡装置设计的出发点就是通过增加一些简单的设备，消耗很少的能量来完成消泡的目的。

常用的机械消泡装置可以分为罐内消泡装置和罐外消泡装置。罐内消泡装置最简单的是在搅拌轴上加一个消泡桨，通过转动产生的剪切力打碎泡沫，也有利用泡沫旋转产生的离心力破泡的形式。罐外消泡装置是将泡沫引到罐外，依靠喷嘴产生的加速作用或者离心力来消除泡沫。罐内消泡的结构形式主要有耙式、旋转圆板式、冲击反射板式等。罐外消泡装置主要有旋转叶片式、离心力式、旋风分离器、转向板式等。

5. 染菌的控制

发酵是指微生物分解有机物质的过程。轻度染菌会影响本批次发酵产品的质量和收率，严重的会造成生产无法继续进行和原材料的浪费。通常种子染菌、发酵罐灭菌不彻底、操作不当是造成发酵罐染菌的主要因素。

（1）发酵罐

在使用之前需要认真检查，以消除染菌隐患，如搅拌系统转动有无异常、机械密封是否严密、罐内的螺丝是否松动、罐内的管道有无堵塞、夹层或罐内盘管是否泄漏、罐体连接阀门严密度等。

（2）空气净化系统

传统的空气净化系统使用活性炭、棉花、超细玻璃纤维纸作为过滤芯，其过滤效果差，且操作复杂。目前，国内的膜过滤技术已比较成熟，如用聚偏二氟乙烯（PVDF）制成的折叠微孔滤膜滤芯不仅过滤精度高，且流量大。

（3）监控系统

一般工业上灭菌温度在110℃，灭菌压力在0.5MPa以上，而保证灭菌温度和压力的准确依赖于各种温度探头、压力传感器等监控系统。因此，定期对这类探头、传感器等进行检测十分重要。另外，随着发酵罐体积增大，相同罐压对应的罐温有所降低，因此当发现温度与压力的相关性发生变化时，应以温度为准。

（4）阀门

阀门是管路流体输送系统中控制部件，用来改变通路断面和介质流动方向，具有导流、截止、调节、节流、止回、分流或溢流卸压等功能。发酵工业中使用高温蒸汽对发酵设备进行灭菌，因此阀门要求是蒸汽级密封。发酵要求接触发酵液的管道、阀门无菌，因此用蒸汽对这类管道、阀门灭菌时要保持蒸汽流通，对不流通的管道、阀门，必须安装工艺阀门或进行类似取样阀的改造，灭菌后无菌管道、阀门维持正压，才能保证发酵的安全。

考核与评价

1. 考核

（1）请简述发酵过程中消泡的方法及各自优势。

（2）请简述如何避免发酵染菌。

（3）请简述机械搅拌通风式发酵罐、气升式发酵罐和自吸式发酵罐的工作原理及各自的优缺点。

2. 教师评价

（1）理论基础得分：_____；

（2）实验操作得分：_____；

（3）总体评价：_____。

参考文献

［1］ 康旭. 食品机械与设备［M］. 北京：科学出版社，2020.

［2］ 高海燕，曾洁. 食品机械与设备［M］. 北京：化学工业出版社，2017.

［3］ 李鹏. 发酵装备引起发酵染菌的原因和预防［J］. 科学技术创新，2012（35）：2-2.

［4］ 方书起，李肖斌，雪金勇. 机械搅拌式发酵罐中的消泡技术研究与探讨［J］. 化学工程，2009，37（5）：4.

［5］ 张海龙，张帜，刘倩. 提高发酵过程中溶解氧浓度的探讨［J］. 齐鲁师范学院学报，2009，24（003）：70-72.

项目二　柠檬酸发酵

背景知识

　　有机酸，一般是具有酸性的有机化合物，最常见的有机酸为羧酸，其酸性来源于羧基（—COOH）。常见植物中含有的有机酸包括脂肪族的一元、二元、多元羧酸，如酒石酸、草酸、苹果酸、柠檬酸、抗坏血酸等；芳香族有机酸如苯甲酸、水杨酸、咖啡酸等。有机酸可溶于水或乙醇，呈现显著的酸性反应，难溶于其他有机溶剂。柠檬酸、乳酸、醋酸、葡萄糖酸、苹果酸、衣康酸等有机酸都是重要的工业原料，广泛应用于食品、医药、化工等领域。

　　柠檬酸（又称枸橼酸），化学名称为 3-羟基-3-羧基戊二酸，是无色、无臭、半透明结晶或白色粉末，是三羧酸循环中的主要中间产物。柠檬酸具有令人愉快的酸味，安全无毒，是发酵生产中的重要有机酸，可被生物体直接吸收代谢。柠檬酸广泛用于食品工业，主要作为食品的酸味剂，增加天然风味。在医药行业，柠檬酸糖浆及各种柠檬酸盐（如柠檬酸铁、柠檬酸钠等）广泛用于临床及生化检验。化工行业常用作缓冲剂、抗氧化剂、除腥脱臭剂、螯合剂等，此外还可用作多种纤维的媒染剂、聚丙烯塑料的发泡剂等。

　　1784 年，舍勒首先从柑橘中提取柠檬酸，他通过在水果榨汁中加入石灰乳以形成柠檬酸钙沉淀的方法制取柠檬酸。发酵法制取柠檬酸始于 19 世纪末。1893 年，韦默尔发现青霉（属）菌能积累柠檬酸。1913 年，扎霍斯基报道黑曲霉能生成柠檬酸。1916 年，汤姆和柯里以曲霉菌进行试验，证实大多数曲霉菌（如泡盛曲霉、米曲霉、文氏曲霉和黑曲霉）都具有产柠檬酸的能力，其中黑曲霉的产酸能力更强。1923 年，美国菲泽公司建造了世界上第一家以黑曲霉浅盘发酵法生产柠檬酸的工厂。至此，柠檬酸由天然提取逐渐转变为发酵生产。1950 年以前，柠檬酸采用浅盘发酵法生产。1952 年，美国迈尔斯试验室采用深层发酵法大规模生产柠檬酸。此后，深层发酵法逐渐建立起来。深层发酵周期短，产率高，节省劳动力，占地面积小，便于实现仪表控制和连续化，已成为柠檬酸生产的主要方法。

　　我国用发酵法制取柠檬酸开始于 1942 年。1952 年，陈声等开始用黑曲霉浅盘发酵法制取柠檬酸。1959 年，轻工业部食品发酵工业科学技术研究所完成了 200L 规模深层发酵制柠檬酸试验。1965 年进行了生产 100t 甜菜糖蜜原料浅盘发酵制取柠檬酸的中间试验，并于 1968 年投入生产。1966 年后，天津市工业微生物研究所、上海市工业微生物研究所相继开展用黑曲霉进行薯干粉原料深层发酵来制取柠檬酸的试验研究，并获得成功，从而确定了中国柠檬酸生产的主要工艺路线。1995 年以前，国内普遍采用薯干原料生产柠檬酸，然而薯干中的杂质较多，容易造成倒罐，收率仅 65%，而且生产的柠檬酸产品白度低，产品质量不稳定。国内柠檬酸生产企业开始抛弃薯干原料生产柠檬酸，研发出以玉米粉、小麦粉、玉米芯、蔗糖、蔗糖水解液等为原料生产柠檬酸的方法。目前，国内主要的柠檬酸生产企业多以玉米粉为发酵原料进行生产。

任务 1 柠檬酸生产菌株与发酵原料

1. 柠檬酸生产菌株

柠檬酸生产菌株包括毛霉、橘青霉、棒曲霉、泡盛曲霉、黑曲霉及假丝酵母等，但可工业化生产的较少。目前以糖质原料生产柠檬酸的菌株均为黑曲霉，包括黑曲霉 N-558、r-144、川柠 19-1、G_2B_8、D_{353}、5016、3008、T_{419}、C_{0817} 等菌种。以上菌种具有产酸力高、发酵速度快和培养条件粗放等特点，被广泛使用。

（1）黑曲霉的形态特征

在固体培养基上，黑曲霉的菌落由白色会渐渐变为棕色，孢子区域为黑色，菌落呈现绒毛状，边缘不整齐。菌丝有隔膜和分支，是多细胞的菌丝体，无色或有色，有足细胞，顶囊生有 1 层或 2 层小梗，小梗顶端产生一串串分生孢子。

（2）黑曲霉的生理特征

黑曲霉可在薯干粉、玉米粉、可溶性淀粉、糖蜜、葡萄糖、麦芽糖、糊精、乳糖等培养基内生长并产酸。其生长最适 pH 一般为 3～7，产酸最适 pH 为 1.8～2.5。生长最适温度为 33～37℃，产酸最适温度在 28～37℃，温度过高易形成杂酸。其以无性生殖的形式繁殖，具有多种活力较强的酶系，可利用淀粉类物质，并对蛋白质、单宁、纤维素、果胶等具有一定的分解能力。黑曲霉以一种边生长、边糖化、边发酵产酸的方式生产柠檬酸。

2. 柠檬酸发酵的原料及其处理

柠檬酸发酵的原料较多，任何含淀粉和可发酵性糖的农产品、农产品加工品及其副产物，某些有机化合物以及石油中的某些成分均可作为柠檬酸发酵的原料。一般，选择原料时应考虑是否因地制宜、就近取材，且价格低廉；原料中可利用糖的成分是否高，且未遭污染，抑制生长和产酸的物质少或容易去除，可满足工艺上的要求；原料资源是否丰富，便于采购运输，适宜于大规模储藏。

（1）薯干原料

鲜甘薯内含有 1.0% 铁及少量泛酸、尼克酸、维生素 B_1、维生素 B_2 和维生素 A。发酵产柠檬酸的原料一般为晒干的薯干。薯干含水 10%～15%、淀粉 70% 左右、蛋白质 6% 左右，薯干原料中的蛋白质可作为氮源供菌体生长。有些品种的蛋白质含量太高，容易对产酸不利。薯干原料中的纤维素大部分不被微生物利用，与菌丝体一起构成大量菌渣。薯干原料中含有铁、镁、钾、钙等的无机盐，国内生产用菌种对这些成分不敏感，故不必对原料做任何预处理。以薯干原料发酵产酸比较简单，只需将薯干片磨粉，并加水调浆，直接或加少量 α-淀粉酶液化后，灭菌、冷却，即可接种发酵。国内薯干原料发酵生产柠檬酸水平较高，产酸率在 12% 以上，转化率 95% 以上，周期低于 96h，发酵指数大于 30kg/(d·m³)。

（2）木薯原料

木薯粉的糖类含量与甘薯粉相近，但蛋白质含量较甘薯粉低。木薯中含有少量氰化物，一般可通过加热、灭菌、发酵等操作转变成氢氰酸而挥发除去，因此不会影响菌体生长和产酸，在发酵产物中也检不出氰化物。用木薯原料生产柠檬酸的技术水平与用薯干原料生产接近。

（3）糖蜜原料

糖蜜分为甘蔗糖蜜和甜菜糖蜜。糖蜜的组成随品种、产地、制备工艺的不同而异。糖蜜原料的组成复杂多变，因此用糖蜜直接培养黑曲霉，对大多数菌株而言，可能得不到满意的结果。一般先对糖蜜进行预处理后，再用于发酵。糖蜜预处理方法包括：添加活性炭、黄血盐、EDTA、聚乙烯亚胺、单宁、石灰、磷酸钙、H_2SO_4、通过离子交换树脂柱和葡聚糖凝胶柱等。经预处理，糖蜜中的 N、P、Fe 及其他有害杂质含量降低，可显著提高产酸量，简化产品提取步骤，提高产品的质量。我国常用的方法是：将糖蜜稀释后加 H_2SO_4 调节 pH 至 4.5，再煮沸处理。处理后的糖蜜含总糖 32.3%，还原糖 12.2%，灰分 5.83%，铁 0.004%，总氮 0.0377%，总磷 0.038%。这种成分组成的糖蜜可作为柠檬酸的发酵原料。

（4）玉米原料

将粉碎成不同粒径的干玉米粉，加水按 10～12°Bé 的浓度调浆，控制玉米浆液的 pH 为 5.0～7.0。按每千克干玉米粉添加 0.3～0.5g 的高温淀粉酶的比例添加酶后，将料液温度升高至 92～98℃，进行一次喷射液化，再经过闪蒸，温度降至 88～90℃时维持液化 90～120min，维持至完全液化；采用快速过滤将含过剩蛋白质及不可发酵固形物的玉米渣与液化液分离，此液化液即为发酵原料。

3. 培养基的营养成分

柠檬酸发酵的培养基组成包括碳源、氮源、金属离子和表面活化剂等，工业生产上需要考虑经济、技术、运输、货源、无害、安全等因素。

（1）碳源

常用的碳源主要有淀粉质原料、废糖蜜及蔗糖。我国柠檬酸行业基本以淀粉质原料，特别是玉米粉进行深层发酵。越南中部地区出产的木薯质量最好，最适宜作为柠檬酸发酵的原料。

（2）氮源

氮源是合成细胞物质如蛋白质、氨基酸、核酸、维生素等及调节代谢的关键物质。从生长角度看，黑曲霉可利用无机氮和有机氮，以有机氮为佳。生产上常用玉米浆、麸皮、米糠作为氮源。而氨、氢氧化铵或磷酸铵可大大提高产物的产量，在代谢中首先形成氨基酸如谷氨酸、甘氨酸及丙氨酸，这些氨基酸可促进柠檬酸的形成。

（3）金属离子

金属离子如钼、铜、锌或钙等对柠檬酸合成有一定抑制作用。亚铁氰化钾可以提高柠檬酸的产量，这是由于它可以沉淀对柠檬酸合成有抑制作用的某些金属盐。Mg^{2+} 是细胞内多种酶的激活剂，Mg^{2+} 可促进生成丙酮酸，降低磷酸烯醇式丙酮酸向草酰乙酸转化的可能，使草酰乙酸缺乏。因此添加适量的 Mg^{2+} 有利于柠檬酸生成。

任务 2　柠檬酸的发酵工艺

1. 黑曲霉合成柠檬酸的途径

黑曲霉发酵法生产柠檬酸的代谢途径为：黑曲霉生长繁殖时产生淀粉酶、糖化酶，先将淀粉质原料中的淀粉转变为葡萄糖。葡萄糖经过糖酵解途径（EMP）和戊糖磷酸途径（HMP）转变为丙酮酸。丙酮酸一部分氧化脱羧生成乙酰 CoA，另一部分经丙酮酸羧化酶羧化成草酰乙酸。乙酰 CoA 和草酰乙酸在柠檬酸合酶的作用下生成柠檬酸，合成途径如图 3-2 所示。

2. 柠檬酸发酵工艺流程

柠檬酸是由黑曲霉利用淀粉质原料如玉米、木薯、甘薯等，特别是玉米粉，控制较低的温度和 pH 值、较高的通气量和糖浓度，用发酵法制得。

（1）种曲制备

以黑曲霉菌株 FY2013 培养为例。取 5mL 无菌水至黑曲霉菌株培养的平板（培养基配方为：马铃薯 300g、葡萄糖 20g、琼脂 15～20g、蒸馏水 1L，pH 自然）上，用接种环轻轻刮下孢子，至 200mL 无菌水中，轻轻摇晃制成孢子悬液，用于柠檬酸种子罐培养。

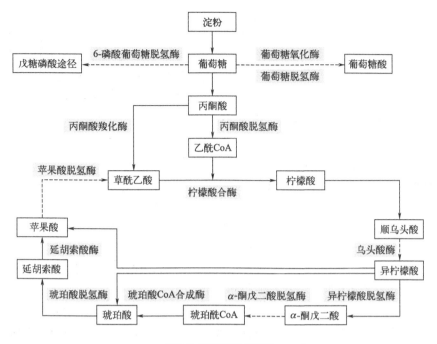

图 3-2 柠檬酸的合成途径

（2）种子罐培养

种子罐中加入 20L 水，然后称取 8kg 玉米粉，加入种子罐中，混匀，加入 5mL 淀粉酶（90000U/L），加热至 65～70℃糊化 30min，再升温至 92～95℃液化 5min，然后将液化液进行固液分离，再将液化后分离的糖液重新装入种子罐中，总糖控制在 19.8％。加入 20g/L 大豆粉，加入 2mL 消泡剂，121℃加热灭菌 20min，冷却至 37℃，保温，接入制备好的菌株孢子悬液，37℃进行种子扩大培养，22h 后，取少量种子液镜检并测定其 pH 值，镜检无污染且菌株生长良好，当种子液 pH 降至 3.0 时，将种子液接入发酵罐中，进行柠檬酸发酵产酸试验。

（3）发酵生产柠檬酸

称取 9kg 玉米粉、22kg 水、6mL 淀粉酶，混匀后，加热至 65～70℃进行糊化 30min，再升温至 92～95℃液化 5min，液化后对液化液进行固液分离，将糖液装入发酵罐中。加入 20g/L 大豆粉，用柠檬酸调 pH 为 4.8，并加入消泡剂 2mL，110℃加热灭菌 15min，冷却至 37℃，保温，接入上述培养好的种子液，进行柠檬酸发酵。接种量为 10％，接种后总糖控制在 19.8％，发酵温度为 37℃±1℃，罐压控制在 0.08MPa，溶氧控制在 40％以上，发酵时间为 60h。

任务 3　柠檬酸的提取与检测

　　成熟的柠檬酸发酵醪中，除含有主产物柠檬酸外，还有纤维、菌体、有机杂酸、蛋白类胶体物质、糖、色素、矿物质及其他一系列代谢衍生物等杂质。这些杂质溶于或悬浮于发酵醪中。通过各种物理和化学方法，将这些杂质清除从而得到符合国家质量标准的柠檬酸产品的全过程，即柠檬的提取与精制，也称为柠檬酸生产的下游工程。

　　传统的柠檬酸提取方法为钙盐法，它是将发酵液中的柠檬酸变成钙盐沉淀，用硫酸从柠檬酸钙中置换出游离的柠檬酸，生成的硫酸钙沉淀出来，然后将柠檬酸进一步纯化结晶。发酵液经过加热处理后，滤去菌体等残渣，在中和桶中加入碳酸钙或石灰乳中和，使柠檬酸以盐的形式沉淀下来，废糖水和可溶性的杂质则过滤除去。柠檬酸钙在酸解槽中加入硫酸酸解，使柠檬酸分离出来，形成的硫酸钙（石膏渣）滤除，作为副产品利用，这时得到的粗柠檬酸溶液通过脱色和离子交换除去色素、胶体杂质以及无机杂质离子。净化后的柠檬酸溶液浓缩后结晶出来，离心分离晶体，母液则重新净化后浓缩、结晶。柠檬酸晶体经干燥和检验后包装出厂。

　　为了探寻适合我国柠檬酸深层发酵的实用而又经济合理的提取方法，科研人员对传统钙盐法进行优化和完善，氢钙法应运而生。氢钙法工艺流程如图 3-3 所示。首先用总量 1/3 的发酵清液（含二次中和过滤出的稀酸）与碳酸钙反应，待 pH 为 4.6～5.1，反应终止，将生成的柠檬酸钙浆料经过滤、洗涤，得到柠檬酸钙。再将调浆后的柠檬酸钙反应液进入多级反应罐中与余下的 2/3 发酵清液进行二次中和反应，生成柠檬酸氢钙沉淀。经过滤、洗涤后分离出较纯净的柠檬酸氢钙，此过程可去除发酵清液中有机杂质，达到分离提纯柠檬酸的目的。

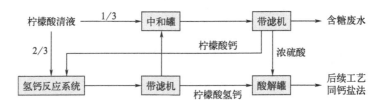

图 3-3　氢钙法工艺流程

1. 柠檬酸氢钙制备

　　将柠檬酸钙浆液加入 1♯ 氢钙反应罐，当液位达罐容 1/3 时，开启罐内搅拌，转速可控制为 40r/min，同时加热，待温度升高至 75℃，适量开启柠檬酸压滤清液阀门，加入柠檬酸清液。当 1♯氢钙反应罐的溢流管有料溢出时，向溢流管中通入压缩空气避免堵塞。整个过程 pH 应实时监测，调节柠檬酸钙和柠檬酸清液的进料量的比例，使 pH 维持在 3.0～3.2。同时控制好 1♯氢钙反应罐的液位，维持料液温度稳定为 75℃。当 2♯氢钙反应罐料液量达到容积的 1/3 时，启动搅拌，此料液的 pH 应维持在 2.9～3.1。当 2♯反应罐溢流管有料溢出时，可开启 2♯至 3♯罐溢流管压缩空气管路，并维持好 1♯、2♯氢钙反应罐液位。当 3♯氢钙反应罐料液量达到容积的 1/3 时，启动搅拌，3♯反应罐料液液位达 55m³ 时，开启柠檬酸氢钙循环泵，回流到 1♯氢钙反应罐，同时关闭 1♯氢钙反应罐的柠檬酸钙浆料和柠檬酸清液进料阀门。在氢钙料液循环过程中，应微调 1♯、2♯氢钙反应罐料液的 pH。监测 3♯反应罐氢钙晶体形状，若晶体较大，应加大至 1♯氢钙反应罐的回流量，并调整 1♯至 2♯、2♯至 3♯的循环量，同时维持 3 个反应罐的料液液位在 65m³（溢流口）。循环 4h 后，开启循环泵至氢钙缓冲罐的阀门，同时缓冲罐的液位达到 1/3 时，启动缓冲罐搅拌并准备接收料液。启动缓冲罐的出料泵向出料罐供料。反应罐内泡沫较多时，适量添加消泡剂，防止料液溢出罐外，造成事故和损失（图 3-4）。

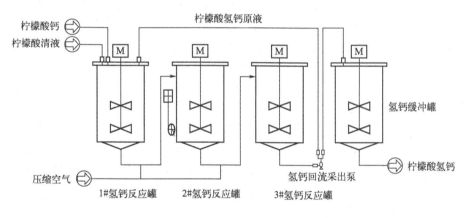

图 3-4　氢钙法设备流程图

2. 柠檬酸氢钙的收集

过滤是分离固液两相的方法，其是利用过滤介质两侧的压力差，让液相透过介质而与固相分开。过滤可以有效富集柠檬酸氢钙，通过洗涤，要尽量除去固相杂质，使滤液澄清，同时要使滤渣中残留的柠檬酸量少，提高酸的收率。过滤的速度受温度、过滤介质、助滤剂等的影响。过滤的设备包括过滤机、加热桶、泵、贮罐。一般柠檬酸过滤采用板框压滤机或全自动板框压滤机或真空转鼓过滤机。板框过滤开始阶段不必加压，待滤饼形成、滤速减慢时可适当加压。为了提高过滤收率，可完成过滤后再用热水进行一次复滤。

3. 柠檬酸氢钙的酸解

酸解是将已洗净的难溶性的柠檬酸氢钙与硫酸作用，生成柠檬酸与硫酸钙，从而达到分离纯化的作用。反应式为：

$$CaHC_6H_5O_7 + H_2SO_4 \rightarrow C_6H_8O_7 + CaSO_4 \qquad (3-2)$$

把柠檬酸氢钙用水稀释成糊状，慢慢加入硫酸，在加入计算量的 80% 以后，即要开始测定终点。测定方法为：取甲、乙两支试管，甲管吸取 20% 硫酸 1mL。乙管吸取 20% 氯化钙 1mL，分别加入 1mL 过滤后的酸解液，水浴加热至沸，冷却后观察两管溶液，如果不产生浑浊，再分别加入 1mL 95% 酒精，如甲、乙两管仍不产生浑浊，即认为达到终点。甲管有浑浊，说明硫酸加量不足，应再补加一些柠檬酸钙。酸解达到终点后，煮沸 30~45min，然后放入过滤槽过滤。

4. 脱色

脱色即是采用活性炭或脱色树脂除去有色的物质，常用活性炭脱色。上述所得的过滤液中，加入活性炭（一般用量为柠檬酸量 1%~3%，视酸解液的颜色而定）脱色，并 85℃ 保温 30min，即可过滤。滤瓶用 85℃ 以上热水洗涤，洗至残酸低于 0.3%~0.5% 即可结束。

5. 树脂吸附

离子交换树脂可用于去除柠檬酸液中的各种杂质离子。通过阳离子交换柱可去除 Ca^{2+}、Fe^{2+} 等阳离子。最常用的阳离子交换树脂是 732 树脂。柠檬酸进入阳离子交换柱后，要控制一定流速并用黄血盐和酒精实时监测流出液中有无 Ca^{2+}、Fe^{2+}，若有 Ca^{2+}、Fe^{2+} 应该立即停止进料。柠檬酸液中的阴离子可用阴离子交换树脂去除，用 $AgNO_3$ 试剂监测流出液中的 Cl^- 作为阴离子交换柱进料的控制终点。

6. 浓缩与结晶

将脱色后过滤所得清液，用减压法浓缩［要求真空度在 600~740mmHg（1mmHg=133.32Pa），温度为 50~60℃］。柠檬酸液浓缩后，腐蚀性较大，可采用搪瓷衬里的浓缩锅。浓缩液的浓度应适当，若浓度过高，会形成粉末状；若浓度过低，也会造成晶核少，成品颗粒大，数量少，母液中残留大量未析出的柠檬酸，影响产量。当浓缩液达到 36.7~37°Bé 时即可出罐。柠檬酸结晶后，用离心机去除残留液体。可用冷水再次结晶，用干燥箱除去晶体表面的水。

母液还可再直接进行一次结晶，剩下的母液因含大量杂质，不宜做第三次结晶，但可在酸解液中套用，或用碳酸钙重新中和。干燥箱的温度要控制在 35℃。

7. 柠檬酸的测定

检测发酵过程中的总酸，精确吸取 1mL 的发酵液离心，上清液加入 100mL 锥形瓶中，加入少量的去离子水，加 2~3 滴 0.1% 酚酞指示剂，用 0.1429mol/L NaOH 溶液滴定，滴定至微红色，计算用去的 NaOH 体积（mL），计为柠檬酸的含量。

考核与评价

1. 考核

（1）如何筛选获得高产柠檬酸的产生菌株并为工业发酵使用？

（2）柠檬酸的发酵方式除了深层发酵外，还有哪些发酵方式？为何工业上不再采用？

（3）柠檬酸的发酵控制与哪些因素有关？

（4）柠檬酸的发酵原料除了玉米还有哪些？如何以这类物质进行深层发酵？

（5）除了钙盐法与氢钙法分离提取柠檬酸，还有哪些方法可以分离柠檬酸？什么原理？

2. 教师评价

（1）理论基础得分：_____；

（2）实验操作得分：_____；

（3）总体评价：_____。

参考文献

[1] 金其荣，张继民，徐勒. 有机酸发酵工艺学 [M]. 北京：中国轻工业出版社，1989.

[2] 王福源. 现代食品发酵技术：2 版 [M]. 北京：中国轻工业出版社，2004.

[3] 姜锡瑞，霍兴云，黄继红，等. 生物发酵产业技术 [M]. 北京：中国轻工业出版社，2016.

[4] 周永生，章辉平，廖四祥，等. 柠檬酸发酵液的制备方法：ZL101555497B [P]. 2009.

[5] 薛培俭，金其荣，李荣杰. 一种柠檬酸或柠檬酸钠的制备方法：ZL1034023C [P]. 1995.

[6] 李维理，穆晓玲，陈思弘，等. 黑曲霉麸曲的制备方法：ZL106701551B [P]. 2016.

[7] 李荣杰，尚海涛，徐斌. 高产柠檬酸黑曲霉菌 FY2013 及其应用：ZL103952318B [P]. 2017.

[8] 刘辰，刘飞. 柠檬酸提取工艺的探索和氢钙法工业实践 [J]. 精细与专用化学品，2015，23（1）：19-23.

项目三 黄酒的生产工艺

📖 背景知识

黄酒具有悠久的历史，被誉为中国的"国酒"，也是世界上具有悠久历史的饮料酒之一。它是以谷物为主要原料，经加曲和/或部分酶制剂、酵母等糖化发酵剂酿制而成的发酵酒。"清醠之美，始于耒耜"，说明谷物酿酒的起源和发展与农业生产有着密切的关系。远在几千年前的龙山文化时期，随着我国农业的逐步发展，谷物种植面积日趋扩大，粮食收获量有所增多，为谷物酿酒提供了物质基础。由于当时人们已发现了酒精发酵的自然现象，并掌握了一定的酿酒技术，谷物酿酒便逐渐盛行，经过数千年的变革形成了如今的黄酒工业，所以黄酒生产的发展历史也是我们整个中华民族文明史的一个佐证。

1. 黄酒的分类

黄酒品种繁多，命名分类缺乏统一标准，有以酿酒原料命名的，也有以产地或生产方法命名的，还有以酒的颜色或酒的风格特点命名的。为了便于管理、评比，目前常以生产方法和成品酒的含糖量高低进行粗略分类。

（1）按生产方法分类

① 传统工艺黄酒

此类黄酒又称为老工艺黄酒。它是用传统的酿造方法生产的，其主要特点是以酒药、麦曲或米曲、红曲及淋饭酒母为糖化发酵剂，进行自然的、多菌种的混合发酵生产而成，发酵周期较长。根据具体操作不同，又可分为淋饭酒、摊饭酒、喂饭酒。

淋饭酒米饭蒸熟后，用冷水淋浇，急速冷却，然后拌入酒药搭窝，进行糖化发酵，用此法生产的酒称为淋饭酒。在传统的绍兴黄酒生产中，也常用这种方法来制备淋饭酒母，大多数甜型黄酒也常用此法生产。采用淋饭法冷却，速度快，淋后饭粒表面光滑，宜于拌药搭窝及好氧微生物在饭粒表面生长繁殖，但米饭的有机成分流失较摊饭法多。

摊饭酒是将蒸熟的热饭摊散在晾场上，用空气进行冷却，然后加曲、酒母等进行糖化发酵。此法制成的酒称为摊饭酒。绍兴元红酒、加饭酒是摊饭酒的典型代表，其他地区的仿绍酒、红曲酒也使用摊饭法生产，摊饭酒口味醇厚、风味好，深受饮用者的青睐。

喂饭酒是将酿酒原料分成几批，第一批先做成酒母，然后再分批添加新原料，使发酵继续进行。用此种方法酿成的酒称为喂饭酒。黄酒中采用喂饭法生产的较多，嘉兴黄酒就是一例，日本清酒也是用喂饭法生产的。由于分批喂饭，使酵母在发酵过程中能不断获得新鲜营养，保持持续旺盛的发酵状态，也有利于发酵温度的控制，增加酒的浓度，减少成品酒的苦味，提高出酒率。

② 新工艺黄酒

新工艺黄酒是在传统的生产工艺基础上进行科学的总结和革新，以纯种发酵取代自然发酵，以大型的发酵生产设备代替小型的手工操作，这是新工艺黄酒生产的主要特点。新工艺黄酒生产过程简化，更切合科学原理，原料利用率高，去除了笨重的体力劳动，改善了劳动条件，为进一步实现自动化打下了基础。

(2) 按成品酒的含糖量分类

根据 GB/T 13662—2018《黄酒》标准对黄酒进行分类，主要分为传统型黄酒和清爽型黄酒，主要区别是感官和理化指标。按含糖量（以葡萄糖计）分为干型（≤15g/L），半干型（15.1～40.0g/L），半甜型（40.1～100.0g/L），甜型（＞100.0g/L）。同时甜型黄酒仅有传统型（表3-2）。

▫ 表3-2　黄酒的类型

类型	干型黄酒	半干型黄酒	半甜型黄酒	甜型黄酒
含糖量(以葡萄糖计)/(g/L)	≤15	15.1～40.0	40.1～100.0	＞100.0

2. 黄酒的生产原料处理方法

大米原料在糖化发酵以前必须进行精白、浸渍和蒸煮、冷却等处理。

(1) 米的精白

由于糙米的糠层含有较多的蛋白质、脂肪，给黄酒带来异味，降低成品酒的质量；另外，糠层的存在，妨碍大米的吸水膨胀，米饭难以蒸透，影响糖化发酵；糠层所含的丰富营养会使微生物发酵旺盛，品温难以控制，容易引起生酸菌的繁殖而使酒醪的酸度升高。对糙米或精白度不足的原料应该进行精白，以消除上述不利影响。

米的精白程度常以精米率表示。精米率也称出白率。日本生产清酒时，精米率降到73％左右，酒母用米的精米率为70％左右，发酵用米的精米率为75％左右。

(2) 米的浸渍

米的浸渍是为了让大米吸水膨胀以利蒸煮，同时也是为了取得浸米的酸浆水。

浸米开始，米粒吸水膨胀，含水量增加；浸米4～6h，含水达20％～25％；浸米24h，水分基本吸足。浸米2d后，浆水微带甜味，从米层深处会冒出小气泡，开始进行缓慢的发酵作用，乳酸链球菌将糖分逐渐转化成乳酸，浆水酸度慢慢升高。浸米数天后，水面上将出现由皮膜酵母形成的乳白色菌醭，与此同时，米粒所含的淀粉、蛋白质等高分子物质受到米粒本身存在的及微生物分泌的淀粉酶、蛋白酶等的作用而水解，其水解产物提供给乳酸链球菌等作为转化的基质，产生乳酸等有机酸，使浸米水的总酸、氨基酸含量增加。总酸可高达 0.5%～0.9%，酸度的增加促进了米粒结构的疏松，并随之出现"吐浆"现象。浸米15d，测定浆水所含固形物达 3% 以上，原料总损失率达 5%～6%，淀粉损失率为 3%～5%。配料所需的酸浆水，应是新糯米浸后从中间抽出的洁净浆水。酸度太高（>0.5%时）可加清水调整至 0.5% 上下，经澄清，取上清液按"三浆四水"的比例兑入发酵容器。配料发酵。目前浸米时间都比较短（表 3-3），一般只要求米粒吸足水分，颗粒保持完整，手指捏米能碎即可，含水量为 25%～30%。可采用控温浸米，当气温下降，浸米的配水温度可以提高，将浸米水温控制在 30℃ 或 35℃ 以下。

▢ 表 3-3　不同类型黄酒浸米的时间

黄酒品种	夏秋季节	冬春季节
绍兴淋饭酒	/	40～44h
绍兴摊饭酒	/	16～26d
浙江喂饭酒	/	2～3d
福建老酒	6h	12～15h
龙岩沉缸酒	12～15h	15～18h
九江封缸酒	/	8～10h
大连黄酒	/	20h
即墨黍米黄酒	8～20h	18～24h
兰陵黍米黄酒	/	1～2h

（3）蒸煮

蒸煮的目的是使淀粉糊化，大米淀粉以颗粒状态存在于胚乳细胞中，达到灭菌的作用，以及挥发除去原料的怪味，使黄酒的风味纯净。

蒸饭时间由米的种类和性质、浸后米粒的含水量、蒸饭设备及蒸汽压力所决定，一般糯米与精白度高的软质粳米，常压蒸煮 15～25min；而硬质粳米和籼米，应适当延长蒸煮时间，并在蒸煮过程中淋浇 85℃ 以上的热水，促进饭粒吸水膨胀，达到更好的糊化效果。

（4）米饭的冷却

米饭蒸熟后必须冷却到微生物生长繁殖或发酵的温度，才能使微生物很好地生长并进行正常的生化反应。冷却的方法有淋饭法和摊饭法。

在制作淋饭酒、喂饭酒和甜型黄酒及淋饭酒母时使用淋饭冷却。用清洁的冷水从米饭上面淋下，以降低品温，如果饭粒表面被冷水淋后品温过低，还可接取淋饭流出的部分温水（40~50℃）进行回淋，使品温回升。

摊饭法的冷却温度为50~80℃。

3. 黄酒的生产方法

一般说来，黄酒的生产方法包括以下几种。

（1）淋饭法

淋饭法是指在煮熟的糯米上浇上冷水，使其在冲泡过程中迅速冷却的一种黄酒生产方法。其生产工序为筛选→浸米→蒸饭→淋饭→落缸搭窝→翻缸下曲拌料→投酒→压榨→陈缸→杀菌→成品出酒。此方法酿酒速度快，表面光滑，有利于拌曲搭窝以及好氧菌的生长繁殖，效果显著。淋饭法要严格控制发酵酶用量、加水比、酵母添加量、发酵周期和发酵温度，从而控制黄酒发酵醪酒精度。淋饭法酿酒最适宜的参数为糖化酶用量为原料的0.6%，加水比4mL/g，酵母添加量为原料的0.15%，发酵时间7d，最适温度为28℃。

（2）摊饭法

摊饭法是将煮好的糯米饭，摊平放于竹席上，用饭匙反复掀翻，使糯米饭迅速冷却的一种黄酒生产方法。摊饭法生产工艺是原料预处理→清洗浸泡→蒸米→摊晾拌曲→落缸搭窝→糖化→加饭→后发酵→抽滤→杀菌→成品。为了掌握和控制发酵过程中风味物质的产生，必须在合适的时间开耙，即搅拌和冷却，调节温度。黄酒的酿造过程是糖化和发酵同时进行，用这种方法生产的米酒优雅、柔和、甘甜、醇香，质量符合黄酒理化指标的要求。摊饭法需要控制好发酵时间，一般企业需要90d左右，是黄酒发酵期最长的生产方法之一，所得成品黄酒风味醇厚，质量优良，深受广大消费者的青睐。但该方法酿造速度慢，易受杂菌感染和出现淀粉老化现象。将活性干酵母用于摊饭法大缸发酵香雪酒生产中，酿制的成品酒各项理化指标均符合GB/T 13662—2018优级酒的标准要求，尤其可将香雪酒中总糖含量提高至279.9g/L，与淋饭法相比提高了46.8%，降低了酒糟中残余淀粉含量（27.2%），提高了原料利用率。

（3）喂饭法

喂饭法近似于近代发酵工艺学中的"递加法"。喂饭法的生产工艺为原料预处理→浸米→蒸饭→摊晾（加入生麦曲）→发酵（加入糖化酶）→喂饭（加入糖化酶、活性干酵母）→主发酵→后发酵→压榨→澄清→煎酒→陈贮→勾兑检验→灌装→巴氏杀菌→成品。喂饭法生产的黄酒一般风味醇厚、品质优良、酒体饱满、营养丰富。采用喂饭法生产黄酒，可减少酒曲用量，增加出酒量；酵母不易老化，始终保持旺盛的发酵能力；易于控制和调节发酵等生产条件；降低醪液酸度和稀释倍数，保持酵母对杂菌的优势，有利于安全发酵。

4. 黄酒酿造的主要微生物

传统的黄酒酿造是以小曲（酒药）、麦曲等作糖化发酵剂的，即利用它们所含的多种微生物来进行混合发酵。经分析，酒曲中主要的微生物有以下几类。

（1）曲霉

曲霉在黄酒酿造中起糖化作用，其中以黄曲霉（或米曲霉）为主，还有较少的黑曲霉等微生物。黄曲霉能产生丰富的液化型淀粉酶和蛋白质分解酶。液化型淀粉酶能分解淀粉产生糊精、麦芽糖和葡萄糖，该酶不耐酸，在黄酒发酵过程中，随着酒醪的 pH 的下降其活性较快地丧失，并随着被作用的淀粉链的变短而分解速度减慢。蛋白质分解酶对原料中的蛋白质进行水解形成多肽、低肽及氨基酸等含氮化合物，能赋予黄酒以特有的风味并提供给酵母作为营养物质。黑曲霉主要产生糖化型淀粉酶，该酶有规则地水解淀粉生成葡萄糖，并耐酸，因而糖化持续性强，酿酒时淀粉利用率高。黑曲霉产生的葡萄糖苷转移酶，能使可发酵性的葡萄糖通过转苷作用生成不发酵性的异麦芽糖或潘糖，降低出酒率而加大酒的厚性。黑曲霉的孢子常会加重黄酒苦味。为了弥补黄曲霉（或米曲霉）的糖化力不足，在黄酒生产中可适量添加少许食品级的糖化酶，以减少麦曲用量，增强糖化效率。黄酒工业常用的黄曲霉菌种有 *Aspergillus* spp. 3800、*Aspergillus* spp. 苏-16 等，黑曲霉有 *Aspergillus* spp. 3758、*Aspergillus* spp. 3.4309 等。

（2）根霉

根霉菌是黄酒小曲（酒药）中含有的主要糖化菌。根霉糖化力强，几乎能使淀粉全部水解成葡萄糖，还能分泌乳酸、琥珀酸和延胡索酸等有机酸，降低培养基的 pH，抑制产酸细菌的侵袭，并使黄酒口味鲜美丰满。为了进一步改善我国的黄酒质量，提高黄酒的稳定性，可以设想以根霉为主要糖化菌，采用 Amylo 法生产黄酒，使我国黄酒产品适应国际饮用的需要。用于黄酒生产的根霉菌种主要有：*Rhizopus* spp. Q303、*Rhizopus* spp. 3.851、*Rhizopus* spp. 3.852、*Rhizopus* spp. 3.866、*Rhizopus* spp. 3.867、*Rhizopus* spp. 3.868 等。

（3）红曲霉

红曲霉是生产红曲的主要微生物，它能分泌红色素而使曲呈现紫红色。红曲霉耐湿、耐酸，最适 pH 为 3.5～5.0，在 pH3.5 时，能压倒一切霉菌而旺盛地生长，使不耐酸的霉菌抑制或死亡，红曲霉所耐最低 pH 为 2.5，耐 10% 的酒精，能产生淀粉酶、蛋白酶等，水解淀粉最终生成葡萄糖，并能产生柠檬酸、琥珀酸、乙醇，还分泌红色素或黄色素等。用于酿酒的红曲霉菌主要有 *Monascus* spp. AS3.555、*Monascus* spp. AS3.920、*Monascus* spp. AS3.972、*Monascus* spp. AS3.976、*Monascus* spp. AS3.986、*Monascus* spp. AS3.987、*Monascus* spp. AS3.2637。

（4）酵母

绍兴黄酒采用淋饭法制备酒母，通过酒药中酵母菌的扩大培养，形成酿造摊饭黄酒所需的酒母醪，这种酒母醪实际上包含着多种酵母，不但有发酵酒精成分的，还有产生黄酒特有香味物质的不同酵母菌株。新工艺黄酒使用的是优良纯种酵母菌，不但有很强的酒精发酵力，也能产生传统黄酒的风味，其中AS2.1392是酿造糯米黄酒的优良菌种，该菌能发酵葡萄糖、半乳糖、蔗糖、麦芽糖及棉子糖产生酒精并形成典型的黄酒风味。它抗杂菌污染能力强，生产性能稳定，在国内普遍使用。另外，M-82、AY系列黄酒酵母菌种等都是常用的优良黄酒酵母。

在选育优良黄酒酵母时，除了鉴定其常规特性外，还必须考察它产生尿素的能力，因为在发酵时产生的尿素，将与乙醇作用生成致癌的氨基甲酸乙酯。

5. 发酵

无论是传统工艺还是新工艺生产黄酒，其酒醅（醪）的发酵都是敞口式发酵，典型的边糖化边发酵，高浓度醪液和低温长时间发酵，这些是黄酒发酵过程最主要的特点。

（1）敞口式发酵

黄酒的发酵实质上是霉菌、酵母、细菌的多菌种混合发酵过程。发酵醅是不灭菌的敞口式发酵，即使新工艺生产，虽然使用纯种酒母和纯种曲，但曲、水和各种工具仍存在着大量杂菌，空气中的有害微生物也随时有侵袭的危险。为了减轻和消除有害微生物的危害，人们采取各种科学措施，确保发酵的顺利进行，防止酒醪的酸败。

黄酒必须在低温环境下生产，有效地减轻了各种有害杂菌的干扰。同时在生产淋饭酒或淋饭酒母时，通过搭窝操作，使酒药中的有益微生物根霉、酵母等在有氧条件下很好地繁殖，并在初期就生成大量有机酸，合理地调节了酒醅的pH值，有效地控制了有害杂菌的侵袭，并净化了酵母菌，一旦加曲冲缸进入酒醪发酵，酵母菌就迅速繁殖，使发酵顺利进行。在传统的摊饭酒发酵中，不仅选用优良的淋饭酒母作发酵剂，并且以酸浆水作发酵醪的配料，调整了酒醪酸度，使产酸菌受到抑制，浆水中所含的生长素，更促进了酵母菌的迅速繁殖，很快占据绝对优势，保证了酒醪的正常发酵。在喂饭酒发酵中，由于分批加饭，使醪液酸度和酵母浓度不致一下稀释得太低，同时使酵母能多次获得新鲜养分，保持继续发酵的旺盛状态，阻碍了杂菌的繁衍。

在黄酒醪发酵中，进行合理开耙是保证正常发酵的重要一环。它起到调节醪液品温、混匀醪液、输送溶解氧、平衡糖化发酵速度等作用，强化了酵母活性，抑制了有害菌的生长。不管是传统工艺发酵还是新工艺发酵，保持生产环境的清洁卫生，做好生产设备的消毒灭菌工作还是至关重要的，这样可以大幅度地减轻黄酒发酵的杂菌污染。

（2）典型的边糖化边发酵

酵母糖代谢的各种酶绝大多数是胞内酶，低分子糖必须透过细胞膜才能参与代谢活动，酵母细胞膜是具有选择性渗透功能的生物膜，所以溶液渗透压的高低对细胞影响很大。在黄酒醪发酵时，降低醪液的渗透压是决定发酵成败的重要因素，黄酒醪渗透压的高低主要与它所含的低分子糖的浓度有关。从理论上讲，当淀粉转化为可发酵性糖分时，醪液的渗透压会上升数千倍甚至一万倍以上。黄酒发酵结束时，酒精含量常在 14% 以上，约有 20% 以上的可发酵性糖被转化成酒精，这么多的糖分所产生的渗透压是相当高的，将严重地抑制酵母的代谢活动，而边糖化边发酵的代谢形式，能使淀粉糖化和酒精发酵巧妙配合，相互协调，避免了高糖分和高渗透压状态的出现，保证了酵母细胞的代谢能力，使糖逐渐发酵产生 16% 以上的酒精。为了保持糖化与发酵的平衡，不使其中任何一方过快或过慢，在生产上通过合理的落罐条件和恰当的开耙进行调节，可以保证酒醪的正常发酵。

（3）高浓度发酵

黄酒醪发酵时，醪浓度是所有酿造酒中最高的。大米与水的质量比为 1∶2 左右，这种高浓度醪液，发热量大，流动性差，散热极其困难，所以，发酵温度的控制就显得特别重要，关键是掌握好开耙操作，尤其是头耙影响最大。另外在传统的黄酒发酵中，常采用减少发酵醪的容积扩大其散热面积来避免形成高温，防止酸败，故而习惯用缸进行主发酵，而把酒醪分散在酒坛中进行后发酵，使热量容易散失。

相对地降低醪液浓度和渗透压是有利于发酵的，在一定范围内增加给水量对提高出酒率是有利的。根据标准成品酒精含量为 15% 的需要，以及榨酒、煎酒损耗酒精含量 0.3%～0.4% 的规律计算，一般酿制干黄酒，采用新工艺发酵投料时，原料干米形成的饭重、麦曲、投料用水等总重可控制在每 100kg 干米为 320kg 左右。

（4）低温长时间后发酵和高酒精度酒醪的形成

黄酒是饮料酒，不仅要求含有一定的酒精，而且更需要谐调的风味。黄酒发酵有一个低温长时间的后发酵阶段，短的 20～25d，长的 80～100d。由于此阶段酒品温较低，淀粉酶和酵母酒化酶活性仍然保持较强的水平，所以，还在进行缓慢的糖化发酵作用，酒精、高级醇、有机酸、酯类、醛类、酮类和微生物细胞自身的含氮物质等还在形成，低沸点的易挥发性成分逐步消散，使酒味变得细腻柔和。一般低温长时间发酵的酒比高温短时间发酵的酒香气足、口味好。由于在高浓度下进行低温长时间的边糖化边发酵，醪液的酒精含量为 15% 左右，黄酒发酵醪的酒精含量是所有酿造酒中最高的。

任务 1 糖化酶酶活的检测

以红曲米为例。

1. 碘量法

糖化酶酶解：取两支 50mL 比色管（A、B管），分别加入可溶性淀粉溶液 10mL 和乙酸-乙酸钠缓冲液 8mL，摇匀。于 40℃恒温水浴中预热 5～10min。在 B 管中加入待测酶液 10.0mL，立即计时，摇匀。在此温度下准确反应 60min 后，立即向 A、B 管中各加氢氧化钠溶液 0.2mL，摇匀，同时将两管取出，迅速用水冷却，并于 A 管中补加事先稀释 n 倍的待测酶液 10.0mL 作为空白对照。

测定：吸取上述 A、B 两管中的反应液各 5.0mL，分别于两个碘量瓶中，准确加入碘标准溶液 10.0mL，再加氢氧化钠溶液 15mL，边加边摇匀，并于暗处放置 15min，取出。用水淋洗瓶盖，加入硫酸溶液 2mL，用硫代硫酸钠标准滴定溶液滴定蓝紫色溶液，直至刚好无色为其终点，分别记录空白和样品消耗硫代硫酸钠标准滴定溶液体积（V_A、V_B）。

酶活力单位按式(3-3) 计算：

$$U = (V_A - V_B) \times c_{st} \times c_G \times (V_t/V_x) \times (1/10) \times n \tag{3-3}$$

式中　U——样品的酶活力，即 1mL 酶液在 40℃、pH4.6 的条件下，1h 水解可溶性淀粉产生 1mg 葡萄糖为 1 个酶活力单位，U/mL；

$\quad V_A$——滴定空白时，消耗硫代硫酸钠标准滴定溶液的体积，mL；

$\quad V_B$——滴定样品时，消耗硫代硫酸钠标准滴定溶液的体积，mL；

$\quad c_{st}$——硫代硫酸钠标准滴定溶液的浓度，mol/L；

$\quad c_G$——与 1mmol 硫代硫酸钠标准滴定溶液（1mol/L）相当的葡萄糖的质量，mg；

$\quad V_t$——反应液的总体积，28.2mL；

$\quad V_x$——吸取反应液的体积，5mL；

$\quad 1/10$——1mL 转换为 10mL 的系数；

$\quad n$——酶液稀释倍数。

2. DNS 法

（1）标准曲线制作

准确称取 105～110℃干燥后的葡萄糖 50mg，用蒸馏水溶解，定容至 50mL 容量瓶中，配制成 1mg/mL 标准溶液，然后稀释为 0.1mg/mL、0.2mg/mL、0.3mg/mL、0.4mg/mL、0.5mg/mL 的标准工作溶液，各吸取 0.5mL，加入 25mL 比色管中，加入 1.5mL 的 DNS 试剂混匀，在沸水浴中加热 5min 后取出迅速冷却至室温，加水 10mL。以试剂空白作参比，用 1cm 比色皿在 520nm 测定吸光度。以葡萄糖含量为横坐标，以吸光度为纵坐标，绘制标准曲线，获得线性回归方程。

（2）糖化力测定

取"碘量法"中糖化酶酶解时 A、B 两管中的反应液 0.5mL，加入 25mL 比色管中，加入 1.5mL 的 DNS 试剂在沸水浴中加热 5min 后取出迅速冷却至室温，加水 10mL。以试剂空白作参比，用 1cm 比色皿在 520nm 测定吸光度，分别通过线性回归方程求出葡萄糖浓度。

酶活力单位按式(3-4) 计算：

$$U = (c_B - c_A) \times V_t \times (1/10) \times n \tag{3-4}$$

式中　U——样品的酶活力，即 1mL 酶液在 40℃、pH4.6 的条件下，1h 水解可溶性淀粉产生 1mg 葡萄糖为 1 个酶活力单位，U/mL；

c_B——样品管的葡萄糖质量浓度，mg/mL；

c_A——空白管的葡萄糖质量浓度，mg/mL；

V_t——反应液的总体积，mL；

1/10——1mL 转换为 10mL 的系数；

n——酶液稀释倍数。

3. 斐林试剂法

取 25mL 的 12％可溶性淀粉溶液，置于 50mL 容量瓶，于 35℃水浴预热 10min，加入 5mL 酶提取液，摇匀，于 35℃糖化 1h，迅速加入 15mL 的 0.1mol/L NaOH，终止酶解反应，冷却至室温，定容。吸取斐林试剂甲、乙液各 5mL，加入适量的 0.1％标准葡萄糖液（使滴定时消耗 0.1％标准葡萄糖液在 1mL 以内），准确加入 5mL 上述酶解液，摇匀，于电炉上加热至沸腾，立即用 0.1％标准葡萄糖溶液滴定至蓝色消失，操作在 1min 内完成，并同时做空白液滴定。

计算公式：

$$U = (V_0 - V) \times c \times 10 \times 10^3 \times 1/5 \tag{3-5}$$

式中　U——样品的酶活力，即 1mL 酶液在 40℃、pH4.6 的条件下，1h 水解可溶性淀粉产生 1mg 葡萄糖为 1 个酶活力单位，U/mL；

V_0——滴定空白时，消耗 0.1％标准葡萄糖液体积，mL；

V——滴定样品时，消耗 0.1％标准葡萄糖液体积，mL；

c——标准葡萄糖溶液质量浓度，g/mL；

10——折算 5mL 酶液转化的葡萄糖总量，mg；

10^3——1g 葡萄糖转化为 1mg 的系数；

1/5——1mL 转化为 5mL 的系数。

任务 2　黄酒发酵过程的控制

以喂饭酒为例，发酵过程中工艺要求如下。

1. 配料

以每缸为单位的物料配比为：淋饭搭窝用粳米 50kg，第 1 次喂饭用粳米 50kg；第 2 次喂饭用粳米 25kg；黄酒药（淋饭搭窝用）250～300g；麦曲（按粳米总量计）8%～10%；总控制量 330kg。

加水量＝总控制量－（淋饭后的饭质量＋喂饭质量＋用曲量）

2. 浸渍、蒸饭、淋冷

在室温 20℃左右的条件下，浸渍 20～24h。浸渍后用清水冲淋，沥干后采用"双蒸双淋"的操作法蒸煮。米饭用冷水进行淋冷，达到拌药所需品温26～32℃。

3. 搭窝

米饭淋冷后沥干，倾入缸中，用手搓散饭块，拌入酒药；搭成 U 字形圆窝，窝底直径约 20cm，再在饭面撒一薄层酒药，拌药后品温以 23～26℃为宜，然后盖上草缸盖保温。18～22h 后开始升温，24～36h 即出甜酒酿液，出酒酿品温为29～33℃。出酒酿前应掀动一下缸盖，以排出 CO_2，换入新鲜空气。

成熟酒酿相当于淋饭酒母，要求酿液满窝，呈白玉色，有正常的酒香，绝对不能带酸或异常气味；镜检酵母细胞数 1 亿个/mL 左右。

4. 翻缸放水

拌药后 45～52h，酿液到窝高八成以上时，将淋饭酒母翻缸放水，加水量按总控制量计算，每缸放水量在 120kg 左右。

5. 第 1 次喂饭

翻缸次日，第 1 次加曲，加曲量为总用曲量的一半，约 5kg，并喂入粳米饭50kg，喂饭后品温一般为 25～28℃，略拌匀，捏碎大饭块即可。

6. 开耙

第 1 次喂饭后 13～14h，开第 1 次耙，使上下品温均匀，排除 CO_2，增加酵母菌的活力及与醪液的均匀接触。

7. 第 2 次喂饭

在第 1 次喂饭后次日，开始第 2 次加曲，其用量为余下部分，即 6kg，并喂入粳米 25kg。喂饭前后的品温为 28～30℃，这就要求根据气温和醪温的高低，适当调整喂米饭前的温度。操作时尽量少搅拌，防止搅成糊状而妨碍酵母菌的活动和发酵力。

8. 灌坛后发酵

第 2 次喂饭后 5～10h，将酒醪灌入酒坛，堆放露天中进行缓慢后发酵。

60～90d后进行压榨、煎酒、灌坛。总酸0.350%～0.385%，糖分小于0.5%，出糟率18%～20%。

任务3　黄酒的过滤和处理澄清

1. 压滤

黄酒酒醅固体部分和液体部分密度接近，黏稠呈糊状，滤饼是糟板，需要回收利用，因而不得添加助滤剂。它不能采用一般的过滤、沉降方法取出全部酒液，必须采用过滤和压榨相结合的方法来完成固、液的分离。

以BKAY54 820型板框式气膜压滤机为例。

结构：该机由机体和液压两部分组成。机体两端由支架和固定封头定位，由滑竿和拉竿连成一体。滑竿上放59片滤板及一个活动封头，由油泵电动换向阀和油箱管道油压系统所组成。

技术参数：压滤板数共59片（或75片），其中滤板数30片，压板数29片。滤板直径820mm，有效过滤直径757mm，每片过滤面积（为滤板双面的总面积）0.9m^2。滤框容积0.33m^3。每台总进醅量2.5t。操作压力0.686～0.784MPa。压滤机最大推力1.65×10^{5}N。活塞顶杆最大行程210mm。外形尺寸长×宽×高为4.58m×1.09m×1.30m。

使用效能：单机使用12h滤出酒液1.35～1.4t。滤饼-酒糟残量不高于50%。

压滤操作如下。

① 检查和开动输醅泵，机器运转正常方可操作。

② 安装和连接好输醅管道后，开启压滤机进醅阀门和发酵罐出醅阀门，开动输醅泵将酒醅逐渐压入压滤机。

③ 进醅压力为0.196～0.49MPa，进料时间为3h。

④ 进醅完毕，关闭输醅泵、进醅阀门和发酵罐阀门。

⑤ 打开进气阀门，前期气压0.392～0.686MPa，后期气压0.588～0.686MPa。

⑥ 进醅时检查混酒片号，进气后检查漏气片号，发现漏片用脸盆接出，倒入醅罐，并做好标记，出糟时进行调换。

⑦ 进气约4h，酒已榨尽。酒液入澄清池，即可关闭进气阀门，排气松榨，准备出糟。出糟务必将糟除净，防止残糟堵塞流酒孔。

⑧ 排片时应将进料孔、进气孔、流酒孔逐片对直，畅通无阻。滤布应整齐清洁。

⑨ 当澄清池已接放70%的清酒时，加入糖色（或称酱色），搅拌均匀，并依据标准样品调整色度。糖色的一般规格为30°Bé。其用量因酒的品种而异，一般

普通干黄酒 1t 加 3～4kg，甜型和半甜型黄酒可少加或不加。使用时用热水或热酒稀释后加入。

⑩ 压滤后的生酒必须进行澄清，并在灭菌前进行过滤。

2. 澄清

压滤流出的酒液为生酒，俗称"生清"。通过澄清，沉降出酒液中微小的固形物、菌体、酱色里的杂质。同时在澄清过程中，酒液中的淀粉酶、蛋白酶继续对淀粉、蛋白质进行水解，变为低分子物质；挥发掉酒液中低沸点成分，如乙醛、硫化氢、双乙酰等，改善酒味。为了防止酒液再出现浑浊现象及酸败，澄清温度要低，澄清时间不宜过长。同时认真做好环境卫生和澄清池（罐）、输酒管道的消毒灭菌工作，防止酒液污染生酸。

生酒应集中到贮酒池（罐）内静置澄清 3～4d，澄清设备多采用地下池或在温度较低的室内设置澄清罐。

考核与评价

1. 考核

（1）简述黄酒的分类。

（2）大米浸渍的目的是什么？

（3）蒸煮目的和质量要求是什么？

（4）黄酒的生产方法有哪些？

（5）黄酒澄清的方法主要有哪些？

2. 教师评价

（1）理论基础得分：＿＿＿＿＿＿＿＿＿＿＿＿＿；

（2）实验操作得分：＿＿＿＿＿＿＿＿＿＿＿＿＿；

（3）总体评价：＿＿＿＿＿＿＿＿＿＿＿＿＿＿＿。

参考文献

［1］ 顾国贤. 酿造酒工艺学［M］. 2 版. 北京：中国轻工业出版社，2015.

［2］ 李晓芳，卢雪华，成坚. 酶制剂在黄酒工业中的应用进展［J］. 中国酿造，2011，227（2）：8-12.

［3］ 李敏，韩惠敏，耿敬章. 黄酒的混浊沉淀及其控制研究进展［J］. 酿酒，2019，46（2）：31-35.

［4］ 毛青钟. 自动化黄酒酿造系统技术的创新和特点［J］. 酿酒，2020，47（1）：24-28.

［5］ 陈佩仁，陈江萍，王林秋，等. 生物淀粉酶系对 β-淀粉的水解和无蒸煮黄酒酿造释疑［J］. 酿酒，2016，44（2）：52-56.

［6］ 韩娟，李杰，梁迪，等. 黄酒生产工艺及安全问题浅析［J］. 中国果菜，2021，41（9）：

70-75.

[7]　黄桂东，吴子甃，唐素婷，等 . 黄酒中高级醇含量控制与检测研究进展 [J]. 中国酿造，
　　　2018，37（1）：7-11.

[8]　凌梦荧，王宗敏，金建顺，等 . 黄酒生麦曲液化力检测方法的建立和应用 [J]. 食品工
　　　业科技，2019，40（9）：235-241.

[9]　吴殿辉 . 代谢工程改造黄酒酿造用酵母低产氨基甲酸乙酯的研究 [D]. 无锡：江南大
　　　学，2016.

[10]　张雪艳，陆茵，张颖，等 . 黄酒常温微滤工艺影响因素及除菌效果研究 [J]. 宁波大学
　　　学报（理工版），2021，34（01）：110-115.

[11]　孙清荣，郭建东 . 酿造酒生产技术 [M]. 北京：中国轻工业出版社，2018.

项目四　镇江香醋固态酿造工艺

📖 背景知识

开门七件事，柴米油盐酱醋茶。食醋是人们生活中不可或缺的生活用品。也是全世界范围的重要调味品。我国已有三千年的酿醋历史，李时珍《本草纲目》记载，古代的食醋有醯、酢、苦酒等多种名称。我国幅员辽阔、物产丰富、环境气候差异显著。在长期的酿醋生产中我国各地人们按照本地历史、地理、物产和生活习惯，创造了多种具有特色的制醋工艺，打造了众多不同风味的食醋品牌，如镇江香醋、山西老陈醋、福建红曲醋、四川保宁麸醋等。

镇江香醋具有"色、香、酸、醇、浓"五大特色，是江苏镇江的地方传统名产。其色泽清亮、酸味柔和、醋香浓郁、风味纯正、口感绵和、香而微甜、色浓而味鲜，且久存其质不变，并更加香醇。镇江香醋以优质糯米为原料，采用"固态分层发酵"工艺，经糖化、酒精发酵、醋酸发酵、循环套淋等大小40多道工序，历时70天左右酿造而成，其独特的发酵工艺已经收入国家非物质文化遗产的保护名录。由江苏恒顺醋业股份有限公司生产的镇江香醋曾获五次国际金奖、三次国家金奖，深受海内外消费者的喜爱。

任务1　镇江香醋的发酵原料与生产工艺

1. 镇江香醋的原料

镇江香醋的质量特质源于清纯甘甜的水资源、品质优异的粮食资源和得天独厚的地理环境。

（1）酿造用水

水是镇江香醋酿造的重要原料之一。酿造用水的质量不仅能影响香醋产品的风味、口感，还直接影响了酿造过程中微生物的生理活动。镇江香醋水源取自镇江地区长江中的中泠泉。中泠泉又名南泠泉，号称天下第一泉，因出自大江之中，水质纯清，清香甘洌。来自长江镇江段的水源且符合我国《生活饮用水卫生标准》（GB 5749—2022）即可作为酿造用水。

（2）糯米

糯米又称江米、元米，含有淀粉、蛋白质、水分、脂类物质及维生素等营养成分。与其他非糯性谷物相比，糯米富含支链淀粉，占总淀粉的98%～99%。因此，糯米具有黏度大、胀度小、柔软、韧滑和香糯的特点。糯米中少量的蛋白质在发酵过程中降解成氨基酸，为镇江香醋增添鲜味。糯米中还有一些特殊的活性物质，如膳食纤维、黄酮类化合物和一些药用成分，提高了镇江香醋的健康价值。镇江香醋主要原料以产自镇江市及镇江市附近金坛、溧水等地的糯米为主，该类糯米品质好、糯性强、黏性大，淀粉含量高，酿成醋后，成品质量优异，香醋风味突出。

（3）香醋大曲

香醋大曲酿制技艺是传统镇江香醋八大工艺特色之一，它与镇江香醋特有的色泽、香气、风味、体态的形成有着密切关系，被称为镇江香醋的"骨架子"。

香醋大曲又称麦曲，是典型生料制曲。香醋大曲是以小麦、大麦、豌豆为主要原料，依靠自然界带入的各种野生菌，如霉菌、酵母等，经发酵培养和风干贮存等工序，制成含有多种微生物和酶类的砖形曲块。一般在农历七月至八月间制曲，此时正处于一年中最热的时间，天气炎热、空气潮湿，是俗称的"三伏天"，此时制成的曲也称为"伏曲"。香醋大曲作为镇江香醋酿造中不可缺少一部分，其主要功能是作为糖化发酵剂和增香剂发挥作用，同时能够产出许多有益的风味和香气物质，是形成镇江香醋独特风味的物质基础。

（4）麸皮

麸皮，又称麦皮、麦麸，是由小麦磨取面粉后筛下的种皮，是镇江香醋的生产原料之一，其营养物质含量丰富，除了含有丰富的糖类、蛋白质、维生素、矿物质等营养成分外，还含有黄酮、烷基酚、甾体、多糖和酚酸等物质，具有广泛的生理活性。同时，麸皮也作为生产过程中的辅料起填充作用，其质地疏松、体轻、表面积大，可提高醋醅中的含氧量，有效保证醋酸菌活性。

（5）稻壳

稻壳又称稻糠、稻皮、大糠，是稻谷制米过程中去除稻壳和净米后的部分，主要的物质是米皮和稻壳碎屑及少量米粉，主要成分为纤维素、木质素、半纤维素和二氧化硅等，还含有一定的灰分及少量粗蛋白、粗脂肪等有机物。稻壳直接或间接地与产品的色、香、味的形成有密切关系。稻壳可改善发酵过程的物理结构状态，使发酵醋醅疏松，改善发酵体系中的溶解氧，有助于醋酸菌发酵产酸。镇江香醋对稻壳品质的要求如下：糠粒基本完整，无其他不良杂质，呈金黄色为佳，无虫、无霉变、无结块，气味正常。

（6）菌种

镇江香醋的醋酸发酵阶段，接种方式采用套牢接种，即取适量上一批发酵的醋醅作为下一批的种醅进行发酵。发酵过程中的微生物均来自环境或原料中带入，菌群结构通过长期在醋醅极端环境中（高酸度、低pH等）驯化而形成。醋酸发酵过程中的微生物大都具有特定的功能，通过微生物的代谢作用产生众多的食醋风味物质，为成品食醋特有风味的形成提供必要的基础，如醋酸菌具有较好的将乙醇转化为乙酸的能力，乳酸菌具有较好的产乳酸等有机酸的能力等。

2. 镇江香醋的酿造工艺

镇江香醋属于典型的固态发酵食醋，其生产过程大致可以分成三个阶段，即酒精发酵阶段、醋酸发酵阶段和后期加工阶段。酿造过程需经过大小40多道工序，历时70天左右生产出初品，然后经6个月以上的陈酿方可完成。其生产工艺流程图如图3-5所示。

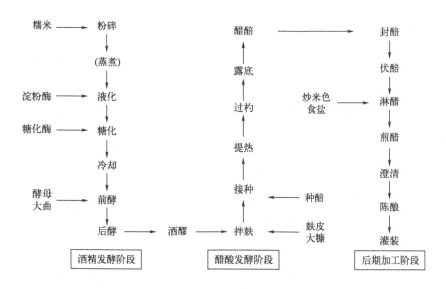

图 3-5 镇江香醋的生产工艺流程

（1）制酒工艺

制酒过程包含了淀粉糖化和酒精发酵过程。糯米的主要成分是淀粉，不能被酵母直接利用。大分子的淀粉需水解成葡萄糖被酵母利用。食醋酿造行业将淀粉水解成葡萄糖的方法主要可分为：酸解法、酶解法和酸酶解法，实际过程中采用酶解法。

酒精发酵是醋酸发酵的前提，酒精发酵的品质直接影响醋酸发酵的品质。酒精发酵主要是在微生物的作用下将发酵醪液中的糖类物质转化成酒精和二氧化碳的过程。酵母菌是发酵生产酒精的主要微生物。自然界中酵母菌种类繁多，发酵能力各异。传统生产中一般通过接种酒曲的方式进行酒精发酵，现代化生产多采用产酒率高、发酵速度快、抗杂菌能力强、抗逆性高的纯种酵母进行发酵。

① 传统制酒工艺

传统的制酒工艺与黄酒生产方式相似。

a. 除杂：清除糯米中的泥沙、金属等杂物。

b. 浸泡：主要是使糯米吸水后，淀粉颗粒组织松散、膨胀，以便蒸煮时淀粉糊化均匀。浸泡时间的长短，看原料的吸水情况和气温高低而定，既要使米浸透，也不能泡糊，一般冬季浸泡时间为 24h，夏季 15h，春秋 18h，浸泡结束后冲淋 2~3 遍。

c. 蒸煮：蒸煮的目的是破坏淀粉细胞组织，使之糊化。一般的采用蒸汽蒸煮 60min。保证不夹生、不黏。

d. 降温（淋饭）：原料蒸煮后必须迅速冷却，用水淋浇的方法冲淋，使品温降到 28~30℃。

e. 拌料：将降温的米饭倒入大缸中，撒入酒药，将米饭与酒药搅拌均匀。搅拌均匀后中间开一个孔，搭窝成"V"字形，用手压实，盖上草席。

f. 加水：一般静置发酵 3~4d 后孔中流满酒液时，加水和大曲，搅拌均匀。

g. 开耙：待物料形成盖时用耙将物料搅拌均匀，第二天再开耙一次。开耙时根据酒水温度，选择添加水。

h. 成熟：将发酵结束的酒醅放置在缸中存放 2~4d，使酒醅成熟。

② 现代制酒工艺

a. 除杂：将糯米原料中的杂质除去，特别是铁片、石子等，容易使粉碎机的筛板磨损，使机器发生故障。

b. 粉碎：对糯米进行粉碎，增加原料受热面积，有利于淀粉颗粒的吸水膨胀、糊化，提高热处理效率，缩短热处理时间。

c. 液化：根据所需的料水比进行拌料，升温至淀粉酶最佳活性温度时，加入淀粉酶并混匀，保温一定时间完成液化（也可根据实际情况使用其他液化方式，如喷射液化等），制得液化醪。

d. 糖化：使用降温设备将液化醪降温至糖化酶最适温度，液化醪入糖化罐，加入适量糖化剂并混匀，保温一定时间完成糖化，制得糖化醪。

e. 酵母扩培：酵母罐及相应管道使用前应清洗干净并灭菌，避免杂菌污染。灭菌完毕的酵母罐打入适量糖化醪，调节温度 28~34℃，接入适量活性干酵母或酵母种子液。控制酒母罐中的通气量及温度进行酒母扩培，一般 18~24h 后即成成熟酒母。

f. 酒精发酵：发酵前期，酵母主要处于适应新环境和数量增殖过程，发酵较弱，糖分消耗较慢。此时注意防止杂菌污染，因为此时酵母数量少，易被杂菌抑制，故应加强卫生管理。1~2d 后进入主发酵期，酵母细胞已大量形成，醪液中酵母细胞数可达 $1×10^8$ 个/mL 以上，酵母的生理活动主要以发酵为主。进入后发酵阶段，醪液中的营养大部分已被酵母菌消耗掉，发酵作用逐渐减缓，同时温度下降。

（2）制醋工艺

醋醅生产是制醋的关键过程。镇江香醋的醋酸发酵阶段为多菌种混合发酵，醋酸菌是香醋酿造过程中极为重要的微生物。醋酸菌是一类好氧微生物，氧化酒精时必须有氧的参与，最适发酵温度为 30℃，最适 pH 值为 3.5～6.5。在镇江香醋酿造过程中主要以巴氏醋杆菌为主。

镇江香醋的醋醅生产工艺采用固态分层发酵法，在实际生产中由于使用发酵容器的不同、生产机械化程度的不同，具体生产工艺操作也存在一定的差异。

① 以黄酒糟为原料的传统醋醅生产工艺

这种醋醅生产工艺比较古老，可以追溯到 150 年前，采用酿酒的副产品——糯米酒糟为原料生产香醋，其发酵容器是陶制大缸，用手工操作。适宜生产的季节为 1～5 月和 11～12 月，其工艺流程可归纳为：

黄酒糟→贮放→拌料（加大糠）→接种→提热（加大糠）→过杓（加大糠）→露底→封醅→伏醅→成熟醋醅。

具体的操作方法及要求如下。

a. 黄酒糟的贮放：刚榨出的黄酒糟应经过后熟贮放。将黄酒糟放入大缸，用粮食白酒加封于表面，贮放 1 个月以上，贮放 3 个月更佳。

b. 拌料：将黄酒糟和大糠按 2∶1 比例拌匀。

c. 接种：将大糠拌匀的黄酒糟投入大缸内，首次投料为总量的一半（以半缸为宜）。取 5～8 杓的醋醅 5kg 左右进行接种，同时加少量水（冬季加 55℃ 温水）。把黄酒糟及醋醅种子用手充分搓拌均匀，放置于缸内醅面中心处，再加少许大糠覆盖于表面，接种完成。

d. 提热：每天将种子进行疏松，然后再盖上少许大糠提热。品温 38℃±3℃，提热时间一般为 5d。

e. 过杓：将上部发热的醅料与下部表层未发热的醅料及大糠充分拌和，搬至另一缸，俗称为"过杓"，也叫倒缸翻醅。提热结束次日开始进行过杓。过杓第 4 天，将另一半生料（黄酒糟经大糠拌匀）陆续投料，分 10 次投料完毕，过杓时间一共 13d 左右。过杓期间还应分段加水，分别在第 3 杓、第 6 杓、第 9 杓进行，加水量视发酵温度及醅料的酒精浓度而定。过杓温度一般维持在 42℃以上。

f. 露底：过杓完毕，醋酸发酵达到高潮。此后需天天翻缸，即将缸内全部醋醅倒入另一缸，此也叫露底。露底前期需控制温度变化，使上面温度不超过 44℃，每天一次，连续 10～12d 且后期发酵温度逐步下降，酸度达到高峰，通过检测酸度不再上升，发酵温度也降至 36℃ 左右，即可转入下道工序。

g. 封醅：露底结束后，将醋醅按实，缸口用塑料布盖实。沿缸口用食盐压紧密封，使不通气，这个过程叫封醅。过去传统的做法是用泥土、醋糟和20%盐水混合物制成泥浆密封缸口，现改用塑料薄膜更加简易和卫生。封醅时间一般不少于15d。

h. 伏醅：封醅7d，再换缸一次，进行翻缸，重新封缸，这个过程叫伏醅。伏醅不少于一次。封醅时间适度延长，伏醅次数增加，对改善镇江香醋风味有益，传统的封醅时间最长可达3个月。

② 以酒醪为原料的机械化醋醅生产工艺

工艺流程可归纳为：

酒醪→拌料（加大糠、麸皮)→接种→提热→过枘→露底→封醅→伏醅→成熟醋醅

具体的操作方法及要求如下。

a. 拌料：先将大部分大糠均匀平铺在发酵池底，再将麸皮均匀平铺。铺平后泵入发酵好的酒醪，泵酒结束后静置一段时间，使酒水慢慢浸入料中；用抓斗将酵池中物料依次抓松，将酵池一侧空出，便于翻醅机工作，将翻醅机打到池底拌料。

b. 接种：抓取前一轮发酵7～11d的醋醅，成条状均匀铺在酵池中间，接种量一般为酒醪10%～15%。铺均匀后将池边少许生料与菌种充分拌均匀，堆成馒头状；堆好后用大糠覆盖物料表层，覆盖大糠时应注意中间多池边少。选择种子时应选择酵池中央部分醋醅。

c. 提热：按顺序从酵池的一端到另一端，将种子进行疏松，然后再均匀覆盖一层大糠，提热的发酵温度控制在38℃±3℃，超过时应采取适当措施。提热时间为1～2d，一般用手工操作。

d. 过枘：提热结束后开始用翻醅机进行过枘翻醅。方法是将上层醋醅带下一层生麸料拌和，每天向下翻10cm左右，视品温而定，品温高，翻醅可深些。温度一般控制在43℃±3℃，7d左右过枘结束。

e. 露底：过枘结束后，即用翻醅机进行露底翻醅，每天一次，必须翻醅到池底，露底翻醅需7d左右，品温逐步下降。经取样化验醅酸不再升高时发酵结束。

f. 封醅和伏醅：封醅可就地封存或转入专门的封醅池进行封醅，方法是用塑料薄膜覆盖，池与薄膜搭接边缘用食盐封实，隔绝空气。封存期一般为7d左右。超过10d后要重新更换池封醅，也称伏醅。

(3) 淋醋、煎醋、陈酿工艺

① 炒米色

镇江香醋色、香、酸、醇、浓的五大特点形成还与另一项特殊工艺——炒米

色有关。此工艺是将优质大米经适当炒制后溶于热水，制成深褐色、清亮有光泽、集特有的米油及焦香、淀粉香味于一体的炒米色。在淋醋工序中加入适量的炒米色，可以增加镇江香醋的色、香、味。别具一格的炒米色传统工艺使镇江香醋色浓醇和、香味芬芳。工艺流程可归纳为：

优质大米→炒色→蒸煮→米色→储存

具体的操作方法及要求如下。

a. 炒色：将铁锅预热至 800℃以上，投入大米不停地翻炒。炒制时间为 1 小时。米由白色逐渐变黄，再转黑，米身膨胀，触之发黏，成团块，色米发出青烟，并有焦香味。

b. 蒸煮：炒色结束后迅速将炒米色扒出，浸入水中。水量为炒米色的 2 倍。加热蒸煮至沸腾后保持 10min，冷却。

c. 储存：炒好的米色在储色罐里要及时使用，一般存放时间不得超过 7d。

② 淋醋

淋醋是将成熟醋醅置于装有假底的池中，加入上次淋醋的淡醋液浸泡，从下部放出浸泡液，从而得到食醋的过程。镇江香醋淋醋采用传统的套淋工艺，一般每个封醅池的醋醅都会淋 3 遍。第一遍淋出的醋液成为"头醋"，第二遍淋出的醋液成为"二醋"，第三遍淋出的醋液成为"三醋"。前批二醋淋本批次的醋醅得到头醋，用前批三醋淋本批次的醋醅得到本批次的二醋，之后用清水作本批醋醅的浸提液，淋取本批三醋。淋得的头醋进行陈酿和后续处理以制得成品醋，而二醋和三醋则储存起来以备下批次淋醋用。头醋密封于陶坛中置于阳光充足、通风好的地方进行存放，存放约 6 个月以上即可进行灌装上市。工艺流程可归纳为：

洗池、垫池→上醅→泡醅（抽浑头）→淋醋（传淋）→提醋→沉淀→生醋

具体的操作方法及要求如下。

a. 浸泡：浸泡前对淋池进行清洗，摆放好假底和过滤袋。按淋放量将成熟醋醅进料入池，进料结束将醋醅表面摊平。根据淋放醋的色度和炒米色质量情况，按照一定比例加入炒米色。同时加入定量食盐，将上批二次淋醋的二醋泡醋醅，浸泡时间 18h 以上。

b. 套淋：浸泡结束后开始淋放，按照二醋淋放头醋、三醋淋放二醋、自来水淋放三醋的工艺要求进行浸泡和淋放。

首次淋放出来的是生醋，其数量由规定的品种酸度而定，生醋达到预定品种酸度即可。第一次淋毕，将上批次淋出的三醋进行第二次浸泡醋醅，浸泡 12h 左右后，淋放出二醋，作为下一批第一次浸泡用。第二次淋毕，再加入自来水进行第三次浸泡醋醅，浸泡时间 6h 左右，淋出的是三醋，用于下一批次醋醅的第二

次浸泡。

  c. 出醋糟：醋醅经淋放后，要求醋糟放干，醋糟含酸量应低于 0.4g/100mL。

  ③ 煎醋

  煎醋的主要作用：a. 杀菌，通过煎醋，生醋中的微生物被杀灭，利于延长香醋的保质期，特别是对于酸度较低的品种；b. 澄清，通过煎醋，生醋中的蛋白质等有机物受热变性凝固，继而沉降，降低了醋的浊度，提高了醋的亮度，改善了醋的体态；c. 凝缩，高温下易发生美拉德反应，使醋的色泽和风味得到改善，发生化学合成和分解反应，产生新的风味物质。工艺流程可归纳为：

  生醋→沉淀→调配→杀菌→冷却→熟醋

  具体的操作方法及要求如下。

  a. 生醋沉淀：将淋出的生醋泵入生醋罐进行自然沉淀，沉淀期一般不超过 10 天。

  b. 调配：经沉淀的生醋调配到所需要的酸度并泵入煎醋锅。根据酸的品种加入定量辅料，如食盐、白砂糖等。

  c. 杀菌和冷却：一般采用蒸汽进行间接加热杀菌。沸腾后恒温维持 45～60min，结束后泵入熟醋储罐自然冷却。

  ④ 陈酿

  镇江香醋色、香、味的形成，很大一部分还与后熟陈酿有关。俗话说，"酒要阴，醋喜阳"是指酒的陈酿适应在阴凉的环境，醋的陈酿适宜在有阳光、通风好的地方。镇江香醋一般选择在中国陶都宜兴产的陶坛内密封陈化，且陶坛常常放在阳光开阔地或大楼顶部。经过阳光雨露、风吹霜打、寒冬酷暑，使陶坛内的镇江香醋发生一系列的物理变化和生物化学变化后，风味显著提高。其醋香浓郁，酯香突出，酸味柔和，香而微甜，愈存愈香。工艺流程可归纳为：

  熟醋→装坛（罐）→封口→储存→成熟

  具体的操作方法及要求如下。

  a. 装坛（罐）：熟醋趁热（一般不低于 60℃）灌入陶坛内，一般要灌满。陶坛需选用中国陶都宜兴生产的。由于现代化生产的需要，也将醋泵入玻璃钢化罐中进行储存。

  b. 封口：传统的封口比较讲究，先用荷叶封口，后用蜡纸（或用塑料膜）封口，再用泥巴封住。现在一般用几层纱布封口，再加上陶盖盖住。

  c. 储存：装有熟醋的坛（罐）在有阳光、通风的地面上自然存放，镇江香醋的贮存期不得低于 6 个月，愈存愈香。

任务 2　香醋风味物质的检测

1. 食醋中风味物质的检测

食醋中风味成分主要包含有机酸、还原糖、氨基酸、氯化钠等。固态发酵食醋中有机酸种类丰富，除乙酸外还存在乳酸、苹果酸、柠檬酸、草酸、酒石酸、琥珀酸、富马酸等多种不挥发酸，对食醋的口感具有重要影响。例如，琥珀酸可增强醋的鲜味，乳酸、苹果酸、柠檬酸、琥珀酸等可以缓冲乙酸的刺激性，使醋酸味柔和、醇厚。镇江香醋酸甜适口，还原糖最低要求≥1.0g/100mL，糖类与香醋的口感、风味息息相关。香醋中的糖类通常来自原料，在一定程度上反映了食醋酿造过程的差异。糖还可与氨基酸发生美拉德反应，直接影响香醋的色泽和风味，因此糖的浓度及组分变化具有重要的研究意义。镇江香醋中游离氨基酸含量丰富，不仅增加食醋的营养价值，而且对食醋的滋味有重要贡献。镇江香醋在酿造过程会加入少量食用盐，NaCl 除了可以抑制醋酸菌过氧化，防止醋酸菌将醋酸分解外，同时还起到调和食醋风味的作用，使得镇江香醋口感和风味更加协调。因此，准确检测总酸、不挥发酸、还原糖、氨基酸、氯化钠等赋予食醋风味的物质含量对评价食醋风味具有重要的应用价值。

（1）酸度的测定

① 总酸的测定（以乙酸计）

镇江香醋中主要成分是乙酸，根据酸碱中和原理，用氢氧化钠标准滴定溶液滴定样品中的酸，中和样品溶液 pH 至 8.2 时为滴定终点。按氢氧化钠标准滴定溶液的消耗量计算样品中的总酸。

a. 试剂配制

氢氧化钠（NaOH）标准滴定溶液（0.1mol/L）：按照 GB/T 5009.1—2003《食品卫生检验方法 理化部分 总则》的要求配制和标定，或购买标准滴定溶液。

b. 样品处理

吸取 10mL 试样置于 100mL 容量瓶中，加纯水至刻度，混匀后备用。

c. 实验操作

吸取 20mL 稀释后的样品于 200mL 烧杯中，加水 60mL。将 pH 计接通电源后，使用 pH 校准溶液校正 pH 计。将装有样品的 200mL 烧杯放到磁力搅拌器上，浸入酸度计电极，按下 pH 计读数开关，开动搅拌器，迅速用氢氧化钠标准滴定溶液滴定，随时观察溶液 pH 变化。接近滴定终点时，放慢滴定速度。可一次滴加半滴，直至溶液 pH 达 8.2。记录消耗氢氧化钠标准滴定溶液体积的数值，同时做空白试验。

d. 结果分析

样品中总酸（以乙酸计）按式（3-6）计算：

$$X = \frac{(V_1 - V_2) \times c \times 0.060}{V \times 10/100} \times 100 \tag{3-6}$$

式中，X 为样品中总酸的含量（以乙酸计），g/100mL；V_1 为测定样品稀释液消耗的氢氧化钠标准滴定溶液的体积，mL；V_2 为试剂空白消耗的氢氧化钠标准滴定溶液的体积，mL；c 为氢氧化钠标准滴定溶液的浓度，mol/L；0.060 为与 1.00mL 氢氧化钠标准溶液 [c(NaOH) = 1.00mol/L] 相当的乙酸的质量，g；V 为样品体积，mL。

计算结果用重复性条件下获得的两次独立测定结果的算术平均值表示，结果保留到小数点后两位。

② 不挥发酸的测定（以乳酸计）

a. 试剂和仪器

所用试剂和标准溶液与总酸测定相同。所使用的仪器有 pH 计、单沸式蒸馏装置、碱式滴定管、电炉等。

b. 实验操作

蒸馏：样品摇晃均匀后准确吸取 2mL 加入蒸馏管中，加入纯水 8mL，摇匀。将蒸馏管插入装有纯水的蒸馏瓶中，注意蒸馏瓶中的纯水液面应高于蒸馏液液面，低于排气口。连接蒸馏器和冷凝器，并将冷凝器下端的导管插入 250mL 的三角瓶中。三角瓶中装约 10mL 的纯水，冷凝器下端的导管没入水中。打开电炉，加热至沸腾后转小火，继续保持沸腾。待馏出液达 180mL 时，先打开排气口，然后关闭电炉，以防蒸馏瓶形成真空倒吸。将蒸馏管中剩下的蒸馏液倒入 200mL 的三角瓶中，并用纯水反复冲洗蒸馏管及管上的进气孔，一并倒入三角瓶中。补加纯水至三角瓶，使溶液总量为 120mL。

滴定：将装有残留蒸馏样品的三角瓶置于磁力搅拌器上，使用氢氧化钠滴定溶液滴定。滴定过程和滴定终点与总酸检测中的滴定过程一致。

c. 结果分析

样品中总酸（以乳酸计）按式（3-7）计算：

$$X = \frac{(V_1 - V_2) \times c \times 0.090}{V} \times 100 \tag{3-7}$$

式中，X 为样品中总酸的含量（以乳酸计），g/100mL；V_1 为滴定蒸馏残留样品消耗的氢氧化钠标准滴定溶液的体积，mL；V_2 为试剂空白消耗的氢氧化钠标准滴定溶液的体积，mL；c 为氢氧化钠标准滴定溶液的浓度，mol/L；0.090 为与 1.00mL 氢氧化钠标准溶液 [c(NaOH) = 1.00mol/L] 相当的乳酸的质量，g；V 为样品体积，mL。

计算结果用重复性条件下获得的两次独立测定结果的算术平均值表示，结果保留到小数点后两位。

（2）还原糖的测定

① 试剂配制

盐酸溶液（1∶1，体积比）：量取盐酸 50mL，加水 50mL 混匀。

碱性酒石酸铜甲液：称取硫酸铜 15g 和亚甲蓝 0.05g，溶于水中，并稀释至 1000mL。

碱性酒石酸铜乙液：称取酒石酸钾钠 50g 和氢氧化钠 75g，溶解于水中，再加入亚铁氰化钾 4g，完全溶解后，用水定容至 1000mL，贮存于橡胶塞玻璃瓶中。

乙酸锌溶液：称取乙酸锌 21.9g，加冰乙酸 3mL，加水溶解并定容至 100mL。

亚铁氰化钾溶液（106g/L）：称取亚铁氰化钾 10.6g，加水溶解并定容至 100mL。

氢氧化钠溶液（40g/L）：称取氢氧化钠 4g，加水溶解后放冷，并定容至 100mL。

葡萄糖标准溶液（1.0g/L）：准确称取经过 98～100℃烘箱中干燥 2h 后的葡萄糖 1g，加水溶解后加入盐酸溶液 5mL，并用水定容至 1000mL。此溶液每毫升相当于 1.0mg 的葡萄糖。

② 样品处理

称取均匀的醋样 10g，置于 250mL 容量瓶中，加水 50mL，缓慢加入乙酸锌溶液 5mL 和亚铁氰化钾溶液 5mL，加水至刻度，混匀，静置 30min，用干燥滤纸过滤，弃去初滤液，取后滤液备用。

③ 碱性酒石酸铜溶液标定

吸取碱性酒石酸铜甲液和乙液各 5mL，于 150mL 锥形瓶中，加水 10mL，加入玻璃珠 2～4 粒，从滴定管中加葡萄糖标准溶液约 9mL，控制在 2min 中内加热至沸，趁热继续滴加葡萄糖标准溶液，至溶液蓝色褪去为终点，记录消耗葡萄糖的总体积，同时平行操作 3 份，取其平均值，计算每 10mL 碱性酒石酸铜溶液相当于葡萄糖的质量（mg）。

④ 样品溶液测定

取碱性酒石酸铜甲液和乙液各 5mL，于 150mL 锥形瓶中，加水 10mL，加入玻璃珠 2～4 粒，从滴定管中滴加样品溶液，控制在 2min 内加热至沸，继续滴加样品溶液，至溶液蓝色褪去为终点，记录样品溶液消耗体积，同法平行操作 3 份，得出平均消耗体积（V）。

⑤ 结果分析

试样中还原糖的含量按式(3-8)计算：

$$X = \frac{m_1}{m \times F \times V / 250 \times 1000} \times 100 \qquad (3-8)$$

式中，X 为试样中还原糖的含量，$g/100g$；m_1 为碱性酒石酸铜溶液相当于某种还原糖的质量，mg；m 为试样质量，g；F 为系数 1；V 为试样消耗总体积，mL；250 为定容体积，mL；1000 为换算系数。

（3）氯化钠的测定

① 试剂

硝酸银标准溶液（$0.1mol/L$）：称取 17.5g 硝酸银，溶解于 1000mL 水中，贮存于密闭的棕色瓶中。

铬酸钾溶液（$50g/L$）：称取 5g 铬酸钾用少量水溶解后，定容至 100mL。

② 测定

吸取 2mL 的样品置于 250mL 锥形瓶中，加 100mL 水及 1mL 铬酸钾溶液，混匀，在白色瓷砖的背景下用 $0.1mol/L$ 的硝酸银标准溶液滴定至显橘红色。同时做空白实验。

③ 结果分析

样品中氯化钠的含量按式(3-9)计算：

$$X = \frac{(V_2 - V_1) \times c_1 \times 0.0585}{2} \times 100 \qquad (3-9)$$

式中，X 为样品中氯化钠含量，$g/100mL$；V_2 为滴定样品稀释液消耗 $0.1mol/L$ 的硝酸银标准滴定溶液的体积，mL；V_1 为空白试验消耗 $0.1mol/L$ 的硝酸银标准滴定溶液的体积，mL；c_1 为硝酸银标准滴定溶液的浓度，mol/L；0.0585 为 1.00mL 硝酸银标准滴定溶液相当于氯化钠的质量，g。

（4）游离氨基酸的检测

① 试剂和设备

试剂：乙酸钠、三乙胺、乙酸、乙腈、甲醇、氨基酸标准溶液等。

设备：高效液相色谱仪（HPLC）、色谱柱（ODS HYPERSIL，250mm×4.6mm(i.d.)，$5\mu m$）。

② 样品处理

取 5mL 的食醋样品于 25mL 容量瓶中，加入 5mL 的 10% 的三氯乙酸溶液，然后用 5% 三氯乙酸溶液定容。用涡旋振荡器混匀并静置 30min 后用双层滤纸过滤。取 1mL 滤液加入 1.5mL 离心管中，以 10000r/min 的转速离心 10min。将上清液用注射器经 $0.22\mu m$ 的纤维滤膜过滤后进入 HPLC 进行分析。

③ 检测条件

流动相 A 为含 0.02%(体积系数) 三乙胺的 20mmol/L 乙酸钠缓冲液（用乙酸溶液调节 pH7.20，2%体积比）；流动相 B 为 20%的 20mmol/L 乙酸钠缓冲液（用 5%体积比稀释的乙酸调节 pH7.20），40%乙腈和 40%甲醇。梯度洗脱程序为 0～1min，92%流动相 A，8%流动相 B；1～27.5min，40%流动相 A，60%流动相 B；27.5～34min，0%流动相 A，100%流动相 B；34～40min，92%流动相 A，8%流动相 B。洗脱过程流速均为 1.0mL/min。色谱柱温度为 40℃。在338nm 和 262nm 处检测氨基酸。样品的进样体积为 1μL。使用氨基酸标准溶液对食醋中游离氨基酸进行相对定量分析。

2. 食醋中挥发性成分的检测

香气特征是食醋品质的重要指标，食醋香气物质即挥发性风味成分，是食醋风味的重要组成部分。镇江香醋具有香气种类丰富、成分复杂和香气浓郁的特点。香醋中的香气成分主要包括醇类、酯类、醛类、酸类、酚类等，虽然在香醋中的含量极少，却能赋予香醋独特的香味。常用于测定香醋中挥发性成分的方法有气相色谱法（GC）、高效液相色谱法（HPLC）、气相色谱-质谱法（GC-MS）、电子鼻法（electronic nose）、近红外光谱法（NIR）、核磁共振法（NMR）等，其中最常用的是气相色谱-质谱法。以下介绍一种采用固相微萃取法（SPME）结合气相色谱-质谱对镇江香醋中的挥发性成分进行测定的方法。

（1）试剂和设备

试剂：香气物质标准品。

设备：手动 SPME 进样器；100μm 聚二甲基硅氧烷（PDMS）萃取纤维头；HP6890/6973 气相色谱-质谱联用仪。

（2）样品处理

萃取头老化：将固相微萃取装置的萃取头在气相色谱的进样口老化 2h，老化温度 250℃。

SPME 顶空萃取：取 5mL 醋于 20mL 带硅橡胶垫的样品瓶中，加入 1.5g 氯化钠，放入搅拌子并盖上盖子。将样品瓶放入 40℃恒温水浴中预热 10min，磁力搅拌速度 800r/min，将 SPME 萃取头通过瓶盖的聚四氟乙烯隔垫插入样品萃取瓶的顶空，推出纤维头，使其暴露于萃取瓶的顶空中，每次萃取要使纤维头与醋液面保持相同的高度，40℃萃取 30min。重复 3 次。

（3）仪器条件

色谱条件：毛细管色谱柱 HP-5MS(30m×0.25mm×0.25μm)，载气为氦气（>99.999%），流速 1.0mL/min，不分流。进样口温度 250℃，柱温：起始温度 32℃，保持 3min，以 5℃/min 的速度升至 120℃，保持 5min，再以 10℃/min

的速度升至 240℃，保持 3min。

质谱条件：接口温度 280℃，离子源温度 230℃，电离方式 EI＋电子能量 70eV，扫描质量范围 33～450amu。

（4）结果分析

定性分析：香气化合物的定性分别通过与标准品的质谱结果、保留指数（retention index，RI）以及香气特征进行比对鉴定。定量分析：通过建立的各个香气化合物标准曲线进行定量分析。

任务 3　香醋的感官评价方法

香醋的感官质量鉴定是评判香醋产品质量的重要方法之一，对质量控制、质量分析、确定产品之间差异的性质、新产品研制、产品品质等具有重要的指导意义。

1. 感官环境及用具

环境能影响人的味感，品评地点应远离震动噪声、异常气味来源，在空气清新、光线柔和的环境中品评。

品评室内应设有专用品评桌，宜一人一桌，布局合理，使用方便。准备人员按样品数量等准备器具，宜使用统一的标准化设备器具，要求盛放样品的容器在大小、形状、颜色、材质、质量、透明度等方面一致。容器本身无色、无味、透明，外观上无文字或图案（三位随机编码除外）。样品容器通常采用玻璃或一次性塑料杯。

2. 感官评价规范

（1）品评时间

建议最佳品评时间为每日上午 9：00～11：00 及下午 14：00～17：00。

（2）准备工作

① 醋样温度

为避免醋样温度对品评的影响。各醋样温度应保持一致，以 20～25℃为宜。

② 醋样准备

为保证各呈送醋样中风味物质含量一致，应首先将各较小容器醋样混合均匀，然后进行分装呈送。

③ 编组与编码

根据品评样品的类型不同，可将醋样分别按照酸度、质量等级等因素编组，也可采用随机编组。醋样编码采用三位随机数字编码，如"137"。

④ 倒醋与呈送

各醋杯中倒醋量应保持一致，若准备时间距品评开始时间过长，宜使用锡箔纸或平皿覆盖杯口以减少风味物质损失。

3. 感官评价

（1）外观

将醋杯拿起，在白色的背景下观察醋样有无色泽及色泽深浅。然后轻轻摇动，对光观察透明度和清浊程度，有无悬浮物和沉淀物。

（2）香气

将杯子于鼻下 1～2cm 处微斜 30°，采用匀速舒缓的吸气方式嗅闻其静止香气，嗅闻时只能对醋吸气，不要呼气。再轻轻摇动品评杯，增大香气挥发聚集，然后嗅闻。

（3）滋味

每次入口醋量应保持一致。品尝时，使舌尖、舌边首先接触醋液，并通过舌的搅动，涂布满口，仔细感受醋质并记下各阶段滋味及口感特征。最后可将醋液咽下或吐出，判断醋的后味（余味、回味）。通常每杯醋品尝约 2～3 次，品评完一杯，清水漱口，稍微休息片刻，再品评另一杯。

4. 评价方法

对产品感官特征的评价，可参考各产品标准中感官要求部分提供的评语，结合"较""突出"等程度副词表达差别；亦可采用感官定量描述分析方法，对产品感官特征与强度量化表达。定量描述分析是 20 世纪 70 年代发展起来的，它是使用非线性结构的标度来描述评估特性的强度，通常称为 QDA 图或蜘蛛网图（图 3-6），并利用该图形态变化定量描述样品的变化。参考感官描述型分析技术，针对香醋感官评价建立了一种定性定量香醋感官特征的评价方法。采用数字标度定量特征强度。

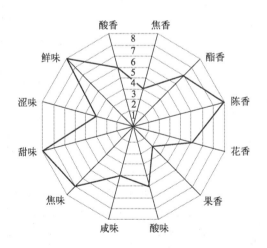

图 3-6 香醋样品 273 的 QDA 数据图

采用"九点标度法"对表 3-4 的感官特征做出强度评价。（0，没有味道；1～2，非常轻，刚能察觉，可能难以辨识；3～4，较轻；5，中等；6～7，较强；8～9，主导）

⊡ 表 3-4 镇江香醋感官定量描述分析——评分表

样品名	样品 1	样品 2	样品 3	样品 4	样品 5
酸香	5				
焦香	3				
酯香	6				
陈香	8				
花香	5				
果香	2				
酸味	5				
咸味	4				
焦味	7				
甜味	8				
涩味	3				
鲜味	8				
综合评分					
备注					

考核与评价

1. 考核

（1）镇江香醋酿造的主要原料有哪些？

（2）如何组织一次香醋的感官评价，主要的步骤有哪些？

（3）镇江香醋中的滋味成分有哪些，这些成分对香醋的风味产生什么样的影响？

2. 教师评价

（1）理论基础得分：＿＿＿＿＿＿＿＿＿＿＿＿＿；

（2）实验操作得分：＿＿＿＿＿＿＿＿＿＿＿＿＿；

（3）总体评价：＿＿＿＿＿＿＿＿＿＿＿＿＿＿＿。

参考文献

［1］ 余永健. 恒顺香醋酿制技艺 ［M］. 长春：吉林大学出版社，2016.

［2］ 简东振，周志磊，巩敏，等. 镇江香醋陈酿过程中温度和氧气对挥发性风味物质的影响

　　　　［J］. 食品与发酵工业，2020，46（7）：8.

［3］　沈志远. 论传统镇江香醋的八大工艺特色［J］. 中国调味品，2007，（12）：4.

［4］　孙宗保，赵杰文，邹小波，等. 镇江香醋特征香气成分加工过程中的变化和形成机理分析［J］. 中国食品学报，2010，（3）：8.

［5］　杨停，贾冬英，马浩然，等. 糯米化学成分对米酒发酵及其品质影响的研究［J］. 食品科技，2015，（5）：5.

辅助视频

（1）3L 玻璃发酵罐的操作流程。

（2）发酵罐的基本构造。

（3）镇江香醋的固态酿造工艺。

3L 玻璃发酵罐的操作流程　　　　发酵罐的基本构造　　　　镇江香醋的固态酿造工艺

模块四
迷你工厂生物产品生产工艺

项目一　果汁饮料生产

📖 背景知识

现阶段，我国饮料类产品主要分为碳酸饮料、瓶（罐）装饮用水、果汁及果蔬汁、含乳饮料、植物蛋白饮料和茶饮料等品类。根据国家统计局数据显示，果汁及果蔬汁饮料市场呈逐年增长趋势，由 2017 年 1118.5 亿元增至 2022 年的 1377.2 亿元。

果蔬汁饮料是指以新鲜或冷藏水果和蔬菜（包括可食用的根、茎、叶、花、果实）为原料，经破碎、压榨和提汁而成，具有原水果果肉的色泽、风味和可溶性固形物含量的制品。它保留了水果中大部分营养成分，例如维生素、矿物质、糖分和膳食纤维中等，常喝可以助消化、润肠道，补充膳食中营养成分。按照国际分类惯例主要分为三大类：浓缩果蔬汁（浆）、果蔬汁（浆）、果蔬汁（浆）类饮料。按照我国饮料分类标准则分为 9 类：果蔬汁（浆）、浓缩果蔬汁（浆）、果蔬汁饮料、果蔬汁饮料浓浆、复合果蔬汁（浆）及饮料、果肉饮料、发酵型果蔬汁饮料、水果饮料、其他果蔬汁饮料。根据果汁饮料市场产品一般可分为三类，第一类为低浓度果汁饮料，果汁浓度为 5%～10%，比如统一鲜橙多、康师傅每日 C、可口可乐酷儿、美汁源果粒橙等；第二类为 100% 纯果汁，果汁浓度为 100%，比如汇源果汁、非浓缩还原果汁（NFC，not from concentrate）等；第三类为含两种或两种以上水果和蔬菜的复合果汁，果汁浓度为 30%～50%，比如屈臣氏果汁先生、养生堂农夫果园等。低浓度果汁仍然是我国果汁饮料行业的主体，零售量占果汁饮料总零售量的 74.3%，达 800 亿元，中浓度果汁饮料占 19.8%，100% 纯果汁零售量占比最低，仅占果汁饮料总零售量的 5.9%。值得指出的是，NFC 果汁在我国发展比较缓慢，这主要是受限于农业种植、加工工艺、物流存储、销售渠道等多方面因素，该行业处于国内市场导入期。然而，随着人们生活水平和生活质量的提高，NFC 果汁以其天然、健康、便捷、营养等优势必将成为市场的"潜力股"。

任务 1　果汁生产工艺的认知

果汁饮料工艺流程主要有原料清洗与预处理、破碎和压榨提汁、酶处理、澄清、过滤、吸附与离子交换、浓缩、杀菌与灌装。水果经过洗涤、预处理、取汁、粗滤后得到原果汁。原果汁再经过以下三种加工流程可分别得到清汁、浓缩果蔬汁和浊汁。

澄清、过滤→调配→杀菌→灌装（清汁）。

浓缩→调配→装罐→杀菌（浓缩果蔬汁）。

均质、脱气→调配→杀菌→灌装（浊汁）。

1. 破碎和榨汁

根据水果的种类、大小和外观，选择除梗破碎机或螺杆泵进行破碎。主要工艺可分为热破碎和冷破碎。热破碎是指破碎前加热或者破碎后加热，热破碎可以抑制酶活性、软化果肉、降低汁液黏稠度，如要得到黏度适中的果汁，使用热破碎为宜。冷破碎应用不广泛，但冷破碎可以最大限度地保护水果营养组分，特别是维生素类。水果榨汁过程采用气囊压榨机，分为冷榨、热榨与冷冻压榨。为了提高果汁的出汁率，通常在压榨过程中加入榨汁助剂，比如稻糠、人造纤维、硅藻土等。

2. 澄清和过滤

常见的澄清方法有：自然沉降澄清、酶法澄清、吸附澄清和壳聚糖澄清。自然沉降澄清最为简单，低温密闭静置即可。酶法澄清主要是通过酶来分解果汁中的一些大分子物质及胶质，使之沉降以达到澄清目的，澄清效果取决于反应的时间、温度、水果种类、酶活性和用量等。吸附澄清是通过外加吸附剂吸附果汁中的蛋白质类物质，常用吸附剂有硅溶胶、膨润土。壳聚糖澄清是通过破坏果汁电荷平衡，使悬浮物附着于壳聚糖上，从而达到澄清目的。除此之外，还有加热凝集澄清、冷冻澄清、明胶单宁澄清等。过滤就是通过膜过滤机和纸板过滤机，把澄清过程中的沉淀从果汁中除去，包括真空过滤、超滤等。

3. 均质

均质主要针对浊汁的生产，它将小果肉进一步破碎，果肉更细小，果肉中胶类物质溢出与果汁融合，从而得到均匀稳定的浊汁。常用设备为高压均质机和胶体磨。另外，与清汁相比，浊汁通常采用粗滤，过滤精度低，含有果肉，可以加入稳定剂防止沉淀分层。

4. 脱气

脱气即脱氧。脱气过程可以保护果汁中的香气和营养成分，维持果汁的原色泽，从而得到优质的感官效果。常见方法有真空脱气、抗氧化剂脱气、气体交换、酶法脱气。

5. 浓缩

浓缩是指通过去除原果汁中的水，增加可溶性固形物的比例，从而达到降低成本延长保质期的目的。常见浓缩方法有蒸发浓缩、真空浓缩、冷冻浓缩、膜浓缩、反渗透浓缩等。

6. 杀菌

杀菌主要分为热杀菌和非热杀菌。热杀菌包括巴氏杀菌和高温瞬时杀菌。巴氏杀菌主要是杀除果汁中的酵母菌和霉菌，它们都是非耐热菌，在85℃下杀菌30min即可。高温瞬时杀菌是将均质的果汁迅速灌入高温瞬时杀菌器中，在93℃±20℃下保持15～30s即可。非热力杀菌主要有超高压技术、脉冲电场技术、超临界CO_2技术、臭氧杀菌技术等。通常来说，果汁饮料需要经过巴氏杀菌或高温瞬时杀菌处理，而果酒可以热杀菌，也可以通过其他方式进行无菌处理。在商业上，果酒无菌处理通常加入抑菌剂二氧化硫和防腐剂苯甲酸钠，并通过0.45μm膜过滤，以达到商业无菌的目的。

任务2　桑葚果汁产品的生产实践

桑葚，又称桑果，为桑科桑葚属植物桑树的成熟果穗，以红色或紫红色为主，味甜香美，果熟期通常为5～6月。桑葚味甘性寒，具有滋阴补血、生津止渴、润肠通便等功效。

1. 生产原料和设备

原料：新鲜桑葚、维生素C、白砂糖、柠檬酸、果胶酶、酸性羧甲基纤维素（CMC）、黄原胶。

设备：螺杆泵、压榨机、胶体磨、均质机、真空脱气机、杀菌机、过滤机、胶帽收缩机等。

2. 工艺流程

桑葚→挑选→清洗→破碎→榨汁→过滤→调配→均质→脱气→瞬时杀菌→灌

装→密封→冷却→检验→成品果汁

3. 桑葚采摘、挑选和清洗

桑葚采摘应安排在五六月份，优选绿色桑园，挑选八九成熟、粒大饱满、色泽剔透、无腐烂和破损的新鲜桑葚，剔除虫咬果和霉变果。条件允许的情况下，应当天采摘，当天及时加工处理。条件不满足时，应放入冷藏库中保存，保存期不应超过 1 天。采用人工粗洗和精洗两道工序，通过自来水冲洗桑葚表面的泥沙、败叶及昆虫等，再用纯净的流动水漂洗 2～3 次。

4. 破碎和榨汁

为最大限度保持桑葚自身的风味和营养成分，使用螺杆泵破碎桑葚，并输入气囊压榨机中榨汁，收集汁液，加入果胶酶，用量为果浆重的 0.05%，降低汁液黏稠度，提高出汁率。汁液中营养成分易被氧化变质，因此压榨后汁液应迅速进入下一环节处理或密闭处理。此时桑葚的出汁率约为 65%。

5. 过滤

桑葚汁液经纸板过滤机和膜过滤机（二级膜过滤机，一级为 $1\mu m$，二级为 $0.45\mu m$）过滤，去除桑葚果肉微粒和杂质，以提高桑葚果汁的稳定性，目的是得到桑葚清汁。然而，对于桑葚浊汁的生产，该过滤精度过高，并不适宜，可采用 50～100 目滤网进行过滤。

6. 调配

首先用 70℃温水提前 1h 搅拌溶解黄原胶和酸性 CMC，然后依次将白砂糖 8%，黄原胶 0.08%，酸性 CMC 0.1%，维生素 C 0.02%，加入 17%桑葚液汁中，用纯净水补至 100%，搅拌均匀，并用柠檬酸调配液汁 pH 值至 3.2。调配顺序：白砂糖溶解与过滤→加入桑葚液汁→调整糖酸比→加稳定剂、增稠剂（仅浊汁加，清汁不加）→搅拌均匀。

7. 均质

对于桑葚浊汁的生产，均质是一道关键的工序，均质目的是使大小颗粒不均的果肉悬浮液均质化，保持一定的果汁浑浊度，得到不易沉淀的果汁饮料。可使用均质机或胶体磨完成该工序。在此处，压榨液汁经过了气囊压榨机的粗滤，以及纸板过滤机和膜过滤机的细滤，果肉颗粒几乎被完全除去，得到桑葚清汁，因此，在这里均质工序可以省去。

8. 脱气

在过滤和调配过程中，大量空气会氧化桑葚液汁中的营养成分，也会使液汁变色，因此需要使用真空脱气机对其进行除气，提高果汁饮料的品质。脱气罐真空度一般为 0.08MPa，热脱气温度为 60℃，常温脱气为室温，脱气时间 10～60s。

9. 杀菌与灌装

桑葚果汁容易发生细菌污染和发酵变质，须及时进行高温瞬时杀菌，杀菌温度 93～95℃，保温 30～40s，并在 90℃下热灌装，密封后冷却至室温。另外一种方法是，先将桑葚果汁加热到 60℃进行低温灌装，密封后进行二次杀菌，杀菌温度一般为 115℃或 121℃，杀菌时间 5s，然后冷却无菌灌装。

10. 检验与评价

将灌装产品于 37℃恒温箱中保温一周，开罐检验其理化指标和微生物指标，若无变质和败坏，则该玻璃瓶装产品的货架期（保质期）可达 12 个月。对该桑葚果汁进行感官品评，从色、香、味、形四个方面对其进行评价。

11. 桑葚果汁指标

▶感官指标

色：紫红色或淡紫红色。

香：具有桑葚特有的香气。

味：酸甜适中，口感细腻、爽口。

形：清汁、均匀、通透，长期静置下无果肉沉淀。

▶理化指标

原果汁含量≥10％；

可溶性固形物≥8％；

总酸≥0.3％；

总糖≥11.0g/100mL；

pH 值为 3.0～3.5。

▶微生物指标

细菌总数≤100 个/mL；

大肠菌群≤6 个/mL；

致病菌不得检出。

任务 3　果汁饮料的质量安全与检验

果汁产品从果园种植到食用，一般要经过种植、采摘、运输、生产、销售等环节，在这些环节中都有可能产生果汁的质量安全问题，主要有以下几种。

1. 农药残留

各类农药常用于水果种植，以提高其产量和保证质量，而残留农药也会随之带入果汁中。果汁中常见的农药残留有有机磷类、有机氯类、拟除虫菊酯类和氨基甲酸酯类，农残超标将对身体健康造成危害。

2. 展青霉素

展青霉素，又称棒曲霉毒素，是一种具有神经毒性的真菌代谢产物，对动物细胞有很强的毒性，它易在被霉菌污染的水果和果汁中产生。

3. 重金属离子

受水果种植和生产过程的影响，土壤、水、大气污染和一些不规范的操作，使得果汁饮料中可能存在铅、砷、镉等重金属离子，而对身体健康造成危害。

4. 脂环酸芽孢杆菌

脂环酸芽孢杆菌是果汁饮料中常见的污染菌，已成为果汁生产的重要安全隐患。脂环酸芽孢杆菌在浓缩果汁中危害低，浓缩果汁稀释后，脂环酸芽孢杆菌在常温下即可代谢产生令人不愉快的风味物质，破坏果汁口感和风味，产生白色沉淀，果汁品质下降，苹果汁尤为显著。

除此之外，果汁掺假也是当前果汁生产中值得深思的问题，它可分为五类：一是只添加水；二是添加果汁中原有成分，而这些成分来源于其他原料（天然和人工合成原料），如糖、酸、果胶等；三是添加果汁中本身不含有的成分，如色素、防腐剂等；四是掺入其他廉价果汁、果渣提取液；五是虚假标注原果汁含量，假冒产地、假冒果汁种类，灭菌或还原果汁冒称鲜榨果汁等。所以，可从以上几个方面来管控果汁质量安全，通过果汁饮料检验的方式达到质量安全管控的目的，即感官评价、理化检验和微生物指标。

感官评价主要是对产品的感官特色以及不同产品间的感官质量差异来进行定性和定量的描述，包括色、香、味、形等方面。果汁产品是否健康美味是企业能否赢得市场，获得利润的核心，企业针对"消费者满意"目标，不断地优化配方和改变加工方式，从而满足人们对果汁的需求。

感官评价操作方法见饮料类食品安全国家标准 GB 7101—2022，具体操作为：①取约 50mL 摇匀的被测果汁样品置于无色透明的容器中，在自然光下观察色泽，应具有该产品应有的色泽。②鉴别气味，用温开水漱口，品尝滋味，应具有该产品应有的滋味、气味，无异味、无异臭。③检查其有无外来异物，应具有该产品应有的状态，无正常视力可见外来异物。

理化检验主要包括可溶性固形物、总酸（以柠檬酸计）、金属离子和重金属离子、总糖等。

操作方法见饮料通用分析方法国家标准 GB/T 12143—2008，并符合果蔬汁类及其饮料国家标准 GB/T 31121—2014 的规定。采用折光计法测定，具体操作为：①对阿贝折光计进行校正，分开折光计两面棱镜，用脱脂棉蘸乙醚或乙醇擦净，用末端熔圆玻璃棒蘸取透明果汁 2～3 滴，滴于折光计棱镜面中央，迅速闭合棱镜，静置 1min，使果汁均匀无气泡，并充满视野。②对准光源，通过目镜观察接物镜，调节螺旋，使视野分成明暗两部，再旋转微调螺旋，使明暗界限清晰，并使其分界线恰好在接物镜的十字交叉点上。③读取目镜视野中的百分数或折光率，并记录棱镜温度。如果目镜读数标尺刻度为百分数，即为可溶性固形物含量；如果目镜读数标尺为折光率，可查阅 GB/T 12143—2008 中附录 A 20℃时折光率与可溶性固形物含量换算表和附录 B 20℃时可溶性固形物含量对温度的校正表，换算得到可溶性固形物的含量。其他理化指标的检验操作方法可参考项目三中任务 2 的相关内容。

果汁为含糖量较高的酸性饮料，经过巴氏杀菌或高温杀菌后可以杀死大多数微生物。但仍然有极少数霉菌、酵母菌和耐酸性细菌可以在高渗透压、低 pH 和低温条件下产生芽孢或孢子，当条件适宜时又开始生长繁殖，导致果汁变质，如果是致病性细菌，将危害身体健康。因此，需要对果汁成品进行微生物检验，微生物限量应符合饮料类食品安全国家标准 GB 7101—2022，且经商业无菌生产的果汁，应符合商业无菌的要求，按 GB 4789.26—2013 规定的方法检验。

果汁中菌落总数是果汁检样经过处理，在一定培养基、培养温度和培养时间等条件下培养后，所得每克或每毫升检样中形成的微生物菌落总数。按 GB 4789.2—2022 进行测定，具体操作为：①以无菌吸管吸取 25mL 果汁样品置于盛有 225mL 无菌磷酸盐缓冲液或无菌生理盐水的无菌锥形瓶（瓶内可预置适当数量的无菌玻璃珠）中，充分混匀，或放入盛有 225mL 稀释液的无菌均质袋中，用拍击式均质器拍打 1～2min，制成 1∶10 的样品匀液。②用 1mL 无菌吸管或微量移液器吸取 1∶10 果汁样品匀液 1mL，沿管壁缓慢注于盛有 9mL 稀释液的无菌试管中（注意吸管或吸头尖端不要触及稀释液面），在振荡器上振荡混匀，制成 1∶100 的样品匀液。重复该操作，制备 10 倍系列稀释样品匀液，注意每递增稀释一次，换用 1 次 1mL 无菌吸管或吸头。③根据对样品污染状况的估计，选择 1～3 个适宜稀释度的样品匀液（液体样品可包括原液），吸取 1mL 样品匀液于无菌培养皿内，每个稀释度做两个培养皿，同时，分别吸取 1mL 空白稀释液加入两个无菌培养皿内作空白对照。及时将 15～20mL 冷却至 46～50℃的平板计数琼脂培养基（可放置于 48℃±2℃恒温装置中保温）倾注培养皿，并转动培养皿使其混合均匀。④水平放置待琼脂凝固后，将平板翻转，（36±1）℃培养（48±2）h。如果样品中可能含有在琼脂培养基表面蔓延生长的菌落，可在凝固后的琼脂培养基表面覆盖一薄层平板计数琼脂培养基（约 4mL），凝固后翻转平板，进行培养。⑤菌落计数可用肉眼观察，必要时用放大镜或菌落计数器，记录稀释倍数和相应的菌落数量。菌落计数以菌落形成单位（colony forming unit，CFU）表示。选取菌落数在 30～300CFU 之间、无蔓延菌落生长的平板计数菌落总数。低于 30CFU 的平板记录具体菌落数，大于 300CFU 的可记录为多不可计。其中一个平板有较大片状菌落生长时，则不宜采用，而应以无较大片状菌落生长的平板作为该稀释度的菌落数；若片状菌落不到平板的一半，而其余一半中菌落分布又很均匀，可计算半个平板后乘以 2，代表一个平板菌落数。当平板上出现菌落间无明显界线的链状生长时，则将每条单链作为一个菌落计数。⑥菌落总数的计算，若只有一个稀释度平板上的菌落数在适宜计数范围内，计算两个平板菌落数的平均值，再将平均值乘以相应稀释倍数，作为每克或每毫升样品中菌落总数结果；若有两个连续稀释度的平板菌落数在适宜计数范围内时，按式(4-1) 计算：

$$N = \frac{\sum C}{(n_1 + 0.1n_2)d} \tag{4-1}$$

式中，N 为样品中菌落数；$\sum C$ 为平板（含适宜范围菌落数的平板）菌落数之和；n_1 为第一稀释度（低稀释倍数）平板个数；n_2 为第二稀释度（高稀释倍数）平板个数；d 为稀释因子（第一稀释度）。

若所有稀释度的平板上菌落数均大于 300CFU，则对稀释度最高的平板进行计数，其他平板可记录为多不可计，结果按平均菌落数乘以最高稀释倍数计算；若所有稀释度的平板菌落数均小于 30CFU，则应按稀释度最低的平均菌落数乘以稀释倍数计算；若所有稀释度（包括液体样品原液）平板均无菌落生长，则以小于 1 乘以最低稀释倍数计算；若所有稀释度的平板菌落数均不在 30～300CFU 之间，其中一部分小于 30CFU 或大于 300CFU 时，则以最接近 30CFU 或 300CFU 的平均菌落数乘以稀释倍数计算。

相应平板计数琼脂培养基、无菌磷酸盐缓冲液、无菌生理盐水等配制可参照 GB 4789.2—2022 中附录 A 培养基和试剂，对应计算方法可参照 GB 4789.2—2022 中附录 B 示例。菌落总数报告规范为菌落总数小于 100CFU 时，按"四舍五入"原则修约；菌落总数大于或等于 100CFU 时，第三位数字按"四舍五入"原则修约后，取前两位有效数字，后面用 0 代替位数，也可用 10 的指数形式来表示，若空白对照上有菌落生长，则此次检验结果无效；称重取样以 CFU/g 为单位报告，体积取样以 CFU/mL 为单位报告。

任务4 果汁饮料的包装设计

果汁饮料占领市场的两个重要因素是产品风味和产品包装。产品风味与生产相关，产品包装与销售相关。目前市场上果汁包装主要有玻璃瓶、易拉罐、耐热塑料瓶，其中玻璃瓶款式新颖，开瓶简便，透明直观，增强消费者好感；易拉罐轻便，开启方便、杀菌简便；耐热塑料瓶可耐高温，可用于超高温瞬时杀菌和热灌装工艺。在果汁灌装包装过程中，要考虑卫生因素，减少微生物污染，减少营养成分损失，缩短杀菌时间；要防止铁、铜、铅等金属直接接触果汁成品，防止成品变色；要避免阳光直射，防止褐变。

果汁包装种类繁多，风格迥异，可以从四个角度思考果汁包装的设计，即平面包装、瓶身造型、营销方式和品牌定位。

1. 平面包装

以真实水果的照片作为包装配图，使其占据整个包装的主要位置，这种配图方式比较经典、传统，早期使用较多，但缺乏新颖，不能满足现在年轻消费者的审美。以手绘插画图作为包装配图，包括线描插画、扁平化色彩插画和抽象插画。线描插画颜色单一，整体比较清淡，刻画插图细腻。彩色插画增添果汁类饮料包装的魅力，易吸引消费者眼球。抽象插画造型抽象、简约，具有平面装饰美感，给人带来无限的联想空间。以文字作为包装配图，易区分果汁口味，但具有一定难度。以极简标签作为包装配图，其展示内容均为主要信息，比如品牌、口味和种类等，减轻阅读负担。

2. 瓶身造型

瓶身造型设计需要考虑果汁的净含量，从而确定瓶子的长宽高比例；需要考虑瓶身的形状，易于便携和抓取；需要考虑造型的美观，比如曲线美。另一方面，包装材质也是一个重要的因素，主要有玻璃、塑料、纸质和铝包装四种，各有千秋。

3. 营销方式

果汁包装设计也是一种营销方式，对于多种口味的水果，可以设计一系列的包装风格，展示良好的视觉效果，让产品体系更具关联性和整体性，同时减少包装盒的生产成本。

4. 品牌定位

果汁饮料可分为经济型和高档型，经济型更适用于普通消费者。厂商为营造品牌效益，在做好产品的基础上，更注重把当前流行元素体现在包装设计上，甚至出现了包装价值超过果汁本身价值的现象，为品牌提供活力。

考核与评价

1. 考核

(1) 能够对桑葚进行分拣挑选，能够灵活运用榨汁技术。

(2) 能够对桑葚果汁生产工艺和果汁质量进行有效评价。

(3) 能够设计一款体现新时代大学生思想，具有学校蚕桑特色的果汁包装。

2. 教师评价

(1) 理论基础得分：＿＿＿＿＿＿＿＿＿＿；

(2) 实验操作得分：＿＿＿＿＿＿＿＿＿＿；

(3) 总体评价：＿＿＿＿＿＿＿＿＿＿＿＿。

参考文献

［1］ 张宏康，李笑颜，吴戈仪，等 . 果汁加工研究进展［J］. 农产品加工，2019，（1）：86-88.

［2］ 李涛，赵云 . 果汁质量安全控制技术研究进展［J］. 粮食与食品工业，2018，25（5）：41-43.

［3］ 周恩玉，霍冉，杨博宇 . 果汁类饮料包装设计综述［J］. 饮料工业，2020，23（1）：5-7.

项目二　果酒发酵

📖 背景知识

1. 概述

果酒是以水果为原料，经过发酵而成的低度酒精饮料。我国生产果酒的历史可以追溯至汉代。果酒富含糖类、有机酸、维生素等多种营养成分，具有原料广泛、种类多样、风味宜人、酒精度低、营养高和口感好等优点，深受广大消费者的青睐。果酒还具有一定的保健功能，可以促进血液循环和新陈代谢，具有缓解疲劳、舒筋活血、提神驱寒、降胆固醇、抗衰老等功效，发展前景十分广阔。

2. 果酒的原料及分类

果酒对水果原料的要求不高，通常多选择含糖量高、产量大、出汁率高的水果作为原料。葡萄、桑葚、荔枝等水果因其含糖量高、香气浓郁、营养丰富而常被用作果酒加工的原料，而对于一些含糖量低的水果，如李、梅子、柚子等，必须经过降酸、酶解或增糖等预处理后才可进行果酒加工。果酒品类繁多，分类方法多样。

按照水果原料可分为葡萄酒、桑葚酒、杨梅酒、苹果酒等。

按照酿造方法可分为：发酵果酒、配制果酒、蒸馏果酒和起泡果酒。发酵果酒用果汁或果浆经酒精发酵酿造而成，如葡萄酒、桑葚酒等。配制果酒是将水果用食用酒精或者白酒浸泡取露，或用果汁加食用酒精、糖、香精、色素等调配而成。蒸馏果酒是水果经过酒精发酵后，再通过蒸馏所得到的酒，如白兰地、水果白酒等。起泡果酒是酒中含有二氧化碳的果酒，如小香槟、汽酒等。

根据发酵程度不同又分为全发酵果酒和半发酵果酒。全发酵果酒是果汁中的糖分完全被发酵，残糖1%以下。半发酵果酒是果汁中的糖分部分发酵。

按照含糖量可分为（以葡萄糖计）：干白果酒（≤4g/L）；半干果酒（4～12.0g/L）；半甜果酒（12～50.0g/L）和甜果酒（>50g/L）。

按照酒精含量可分为低度果酒（酒精度在10%vol以下）和高度果酒（酒精度在10%vol～15%vol之间）。

3. 果酒发酵原理

果酒的酿造要经历酒精发酵和陈酿两个过程。在这两个阶段发生不同的物理化学反应，对果酒的质量起着不同的作用。

（1）酒精发酵

酒精发酵是果酒酿造过程中主要的生物化学反应。水果果汁中的糖，在酵母的作用下生成酒精、二氧化碳。除了发酵生成酒精和二氧化碳外，还有少量的甘油、乙醛、高级醇、琥珀酸、醋酸和挥发性物质生成。

（2）陈酿

刚发酵后的新酒浑浊不清、味不醇和、缺乏芳香、不适饮用，必须经过一段时间的陈酿，通过一系列的生物化学反应，使不良物质消除或减少，同时促进风味物质的形成。陈酿期的作用主要有以下几个方面。

① 酯化作用

果酒中的醇类和酸类化合生成酯。如醋酸和乙醇反应化合成乙酸乙酯，乳酸和乙酸反应化合成乳酸乙酯，醋酸和戊醇反应化合成果香型的乙酸戊酯。

② 氧化还原和沉淀作用

果酒中的单宁、色素等经过氧化而沉淀；醋酸和醛类经氧化而减少；醇氧化成醛或酸。糖苷在酸性溶液中逐渐结晶下沉，以及有机酸盐、果屑细小微粒等的下沉也都在陈酿过程中完成。因此经过陈酿过程可使果酒中的苦涩味减少，不良的风味物质浓度降低，芳香物质得到加强和突出，改善果酒风味，澄清酒体。

4. 果酒发酵技术

（1）自然发酵

自然发酵技术是在无人为接种发酵菌株的情况下，果实自发进行的发酵过程，其本质上是以果实表面酵母菌为主导的各种微生物相互作用的结果。果酒的自然发酵有多种微生物共同参与，是一个复杂的微生物转化过程。自然发酵技术的特点是无需准备菌种，只依靠果实自带菌株进行发酵，具有成本低、易操作、工艺简单等特点，但也存在多种弊端：发酵过程不受控制；发酵可能不完全、原料利用率低；菌群随机性强，果酒产品品质稳定性不能保障；发酵时间过长，易导致杂菌混入、产生异味；果酒酒精度不高；果酒风味效果一般。

（2）纯菌发酵

纯菌发酵技术是对发酵底物接种单一纯种酵母菌进行发酵。与自然发酵相比，纯菌发酵具有发酵周期短、发酵效率高、酒精度高、易于工业化等优点，但是存在纯菌发酵使得果酒香气单薄、风味平淡等缺点。在实际生产中，为保证生产效率和生产稳定性，大多数的发酵果酒都采用纯菌发酵技术。纯菌发酵所用菌种多筛选自水果表皮或其生长土壤、水果自然发酵液等。

（3）混菌发酵

混菌发酵技术是通过多种微生物共同发酵生产果酒的新技术，其中酿酒酵母主要负责生成乙醇，发酵速度快、发酵能力强，其他微生物可通过生长代谢产生酯、酸、醇等，对果酒色泽、风味的形成具有重要作用。在混菌发酵过程中，微生物之间存在复杂的相互作用并最终影响果酒的品质，因此在生产过程中发酵控制难度大。尽管如此，混菌发酵技术仍是目前较为推崇的果酒发酵技术，与自然发酵技术和纯菌发酵技术相比，混菌发酵技术不仅发酵效率高，还能促进一些风味物质的形成，所酿果酒的口感和风味更加协调、饱满。但是，相对于自然发酵技术和纯菌发酵技术，混菌发酵技术更加复杂，更容易受到微生物种类、糖浓度、乙醇浓度、pH、温度等因素的影响。

任务1 桑葚酒酵母菌种的筛选

酵母是酿造果酒的关键因素之一，直接影响到果酒的风味和口感，决定果酒的品质。酵母菌种的品质对果酒的理化性质、挥发性质、色泽以及口味等都有很大的影响，优良的酵母菌可以提高果酒的质量以及果酒中果香的浓郁程度。除了酿酒酵母，一些产香酵母、产醋酵母，如有孢汉逊酵母属、克勒克酵母、假丝酵母属、毕赤酵母属等可以弥补采用单一酿酒酵母造成的果酒风味淡薄的缺陷，而且不同的酵母所带来的风味特征各不相同，赋予果酒饱满的风味。

目前果酒加工行业使用较多的是活性干酵母，对果酒的酿造具有普适性，但不能突出果酒风味。合适的果酒酵母应该具备生长快、发酵活性强、产酒精效率高、抗逆性强等特性，同时保证所酿的果酒口感好，风味佳。优势的果酒酵母一般是从果实表皮或者自然发酵酒中筛得，其生长环境与果酒发酵环境相近。针对桑葚酒的发酵，以桑葚、桑叶、桑园土壤和自然发酵的桑葚酒为原料，通过三级筛选，以产气能力、发酵能力、耐酒精和 SO_2 的能力为评价指标，结合感官评价，以期获得发酵性能优良、发酵风味优良、具有典型性桑葚酒特性的桑葚酒酵母。

1. 试验试剂和仪器

（1）试剂

葡萄糖、酵母浸膏、琼脂粉、蛋白胨、磷酸二氢钾。

（2）仪器

电子天平、超净工作台、高压蒸汽灭菌锅、离心机、糖度计。

2. 培养基配制

① 富集培养基：含葡萄糖 20g/L、蛋白胨 20g/L、酵母浸膏 10g/L 的 YPD 培养基。

② 麦芽汁培养基：麦芽浸粉加入 4 倍水后 60℃保温糖化，用碘液检验至糖化结束，用蔗糖调糖至 10°Bx。

③ 斜面保藏培养基：含葡萄糖 20g/L、蛋白胨 20g/L、酵母浸膏 10g/L、琼脂粉 20g/L 的 YPD 固体培养基。

④ 桑葚汁培养基：解冻后现榨的桑葚汁，用蔗糖调整糖度至 21°Bx，自然 pH。

3. 样品采集

① 桑葚果肉和果叶样品的采集：在桑葚园里选取健康无虫蛀的桑叶和成熟度高、无霉变、有稍微损伤的桑葚，装入密封袋中，标记编号后 4℃冰箱中备用。

② 土壤样品的采集：在桑葚果园里随机选取若干地方，选取腐烂桑葚较多、植被较厚的土壤，除去表层浮土若干，取深度 5～15cm 重约 50g 的土壤，装入密封袋，标记编号后贮存于 4℃冰箱中备用。

③ 自然发酵的桑葚酒的制备：选择成熟健康无霉变的桑葚打浆，装入 500mL 灭菌后的三角瓶内，装液量 300mL，25℃下密封静置发酵 5d，无气泡产生可闻到明显酒味为止。

4. 酵母的富集和分离

① 分别取 10g 样品于已灭菌的 90mL YPD 液体培养基中，加入青霉素 1000mg/L，25℃下 140r/min 振荡培养 48h。

② 采用十倍稀释法将富集培养液逐级稀释，取稀释液再次稀释至 10^{-3}、10^{-4}、10^{-5}、10^{-6}，分别取 0.1mL 菌液均匀涂布到无菌的 YPD 平板上，每个梯度做三个平行。待平板上长出菌落，挑取具有典型性酵母菌菌落特征（菌落表面光滑、湿润、黏稠，质地柔软，易挑起，多为乳白或奶油色，有酒香味）的单菌落，在麦芽汁培养基平板上进行划线分离纯化并镜检，重复 3～4 次，将纯化后的菌落接种于斜面保藏培养基上 4℃保藏。

5. 酵母菌的筛选

（1）初筛

① 酵母菌的活化和放大

取 4℃冰箱保存的酵母菌，接种于 YPD 斜面，25℃静置培养 1～2 天。分别取活化后的酵母菌 2 环，接入 10mL 已灭菌的桑葚汁培养基，25℃静置培养 48h，观察试管中发酵旺盛伴有大量气泡产生为止。将试管培养的发酵液分别转入三角瓶 25℃静置培养，接种量为 10%。

② 酵母菌发酵力和发酵气味初筛

取三角瓶培养的发酵液，按 10% 的接种量接种在含糖 20°Bx 的桑葚汁中，采用杜氏管发酵法观察各菌株的产气速率及产气量，跟踪并记录发酵开始后 12h 的产气量，比较各菌株发酵力及产气能力，以获得产气能力较强的菌株。

（2）复筛

菌株产乙醇能力测试：将初筛后发酵力强且产气能力较好的菌株按 10% 的量接种于 500mL、含糖 20°Bx 的桑葚汁中，28～30℃发酵 7 天，采用酒精计法测定所得各瓶发酵液的酒精度。并对各瓶桑葚酒进行粗略的感官评定。

（3）三级筛选

① 菌株耐乙醇能力筛选

按 10％的接种量，将复筛得到的菌株分别接入乙醇含量为 9％、12％、15％、18％（体积比）的桑葚汁中，于 28～30℃下发酵培养，分别在 12h、24h、36h、48h 观察杜氏管的产气情况、跟踪酵母菌体数量和酒精度变化，获得对酒精耐受性强的菌株。

② 菌株耐 SO_2 能力筛选

取含糖 21°Bx 的桑葚汁，添加焦亚硫酸钾调整 SO_2 含量为 70mg/L、100mg/L、130mg/L、160mg/L。将菌株耐乙醇能力筛选试验中耐乙醇能力较强的菌株活化按 10％接种量接入桑葚汁中，于 28～30℃下发酵培养，分别在 12h、24h、36h、48h 观察杜氏管的产气情况、跟踪酵母菌体数量和酒精度变化，获得对 SO_2 耐受性强的菌株。

（4）检测方法

① 菌体数量测定

酵母菌体数量测定具体方法见模块一项目二任务 4。

② 酒精度的检测

a. 设备

全玻璃蒸馏器、酒精计、温度计。

b. 实验操作

准确量取 500mL 样品于 1000mL 蒸馏瓶中，用 50mL 水分三次冲洗容量瓶，加入几颗玻璃珠，连接冷凝器，以取样用的原容器瓶作接收器（外加冰浴）。开启冷却水，缓慢加热蒸馏。收集蒸馏液接近刻度，取下容量瓶，盖塞。于（20±1）℃中水浴保温 30min，补加水至刻度，混匀，备用。

将蒸馏后的样品倒入 500mL 量筒中，静置数分钟，待气泡完全消失后，放入洗净、干燥的酒精计，再轻轻按一下，不得接触量筒壁，同时插入温度计，平衡 5min，水平观测，读取与弯月面相切处的刻度示值，同时记录温度。根据测得的酒精计示值和温度，查阅《酒精计温度浓度换算表》，换算成 20℃时酒精度。

任务 2　桑葚原料的处理

果酒发酵前处理关键技术主要包括酶解和杀菌。

1. 酶解

为了提高原料利用率、果汁得率和果汁营养素含量，通常会在制汁/制浆环节加入一定数量的酶制剂进行酶解，必要时还可以采用超声波协同酶解。桑葚果酒酿造中使用的酶主要包括果胶酶、纤维素酶、蛋白酶等。其中，果胶酶的使用最为常见。

（1）果胶酶的作用

果胶是由 D-半乳糖醛酸残基经 α-1,4-糖苷键相连接聚合而成的大分子多糖，分子量在 2000～30000 之间，能溶于水成为胶体溶液，不溶于乙醇、硫酸镁和硫酸铵等盐类溶液，在酸、碱和酶的作用下可脱甲酯形成低甲氧基果胶和果胶酸。果汁中果胶可被甲醇和乙醇迅速沉淀下来，这就是果酒在酿造后期出现絮状沉淀的原因之一。果胶的甲氧基水解后在果酒的制造中会生成甲醇，所以果胶含量丰富的某些原料在制酒时就有可能导致甲醇含量过高。

果胶酶是指能够催化果胶分解的多种酶的总称，广泛存在于植物果实中。微生物中的细菌、放线菌、酵母菌和霉菌都能代谢合成果胶酶。果胶酶按作用方式可分为酯酶和解聚酶，按作用底物可以分为聚甲基半乳糖醛酸酶、聚半乳糖醛酸酶、聚甲基半乳糖醛酸裂解酶、聚半乳糖醛酸裂解酶等。在上述果胶酶中，起主要作用的果胶酶是聚半乳糖醛酸酶。

果胶酶可以快速彻底地脱除桑葚果汁中的果胶，破坏细胞的网状结构，提高桑葚的出汁率。加入果胶酶还可以降低桑葚果酒的酸度，提高桑葚果酒的抗氧化活性，加速析出花青素和其他酚类物质，从而提高呈色强度，增强酒体丰满度，改善桑葚果酒的品质。在陈酿结束后还能作为澄清剂发挥作用，有利于果酒的净化、澄清。但是，如果在桑葚果酒酿造过程中加入过量果胶酶，会导致果酒中甲醇含量超标，危及人体心血管和神经系统健康。因此，要严格控制桑葚果酒中的果胶酶含量。

目前，很多研究都在尝试使用果浆酶代替果胶酶或将果胶酶与果浆酶混合使用，因为果浆酶是果胶酶和其他纤维素酶的混合物，可以分解桑葚中的果胶，同时减少果胶酶对人体的伤害。据研究表明，将含量 0.4% 左右的果胶酶与 1.8% 左右的纤维素酶混合酿造桑葚果酒，可以有效提高桑葚的出汁率，抑制微生物滋生，促使桑葚果酒更清澈，提升桑葚果酒的品质和产量。

（2）果胶酶的使用

在桑葚酒的生产过程中一般使用商品化的果胶酶对原料进行处理。果胶酶的使用量根据商品化的果胶酶说明而定，通常为 0.2%～0.4%。将称取后的果胶酶溶解于少量水中。在发酵前，桑葚破碎成汁泵入发酵罐的过程中少量多次加入果胶酶溶液，使果汁和果胶酶充分接触，酶解时间为 1h。

2. 杀菌

对于纯菌发酵或混菌发酵的果酒，发酵之前通常要对果汁进行杀菌处理（前杀菌），因为果汁中杂菌的存在不仅会影响酒精发酵的正常进行，而且会产生异味甚至酸败，成为潜在的食品安全隐患。目前果酒生产企业发酵前杀菌处理多以热杀菌和添加二氧化硫（SO₂）等食品添加剂杀菌为主。

（1）热杀菌

热杀菌能够有效杀灭各种微生物，是食品中广泛应用的一种杀菌技术。但在果酒的生产中，发酵前热杀菌处理会使果汁中热敏性活性物质降解，色泽和风味发生改变，最终导致产品品质下降。

（2）SO₂杀菌

二氧化硫（SO₂）作为一种食品添加剂，具有杀菌的作用，是目前为止果酒生产应用最普遍的添加剂。其作用机理是破坏细胞膜上的ATP酶，使细胞代谢紊乱，从而达到杀死或抑制微生物生长的目的。在果酒的生产中，SO₂还具有抗氧化、增加果酒酸味、改善果酒风味、帮助色素析出等作用。但过量的SO₂不但会影响果酒的质量和口感，还会导致头痛、水肿、腹泻、气管收缩等慢性或急性中毒，危害身体健康。针对以上的情况，我国规定果酒中SO₂的最大添加量为0.25g/L(GB 2760—2014)，针对果酒中的SO₂添加情况，应尽量减少SO₂的用量和残留，并积极研究可替代元素，以减少SO₂对身体的伤害，保证桑葚果酒成分天然健康。

在果酒的酿造中，SO₂添加的方法有固体法、液体法两种。

① 固体法

常用的硫化物是焦亚硫酸钾（$K_2S_2O_5$）。影响焦亚硫酸钾使用量的因素有水果种类、果酒类型、倒酒频率及要求的货架期寿命等。当使用硫化物时，要同时添加柠檬酸给硫化物创造酸性环境，使SO₂尽快释放出来。添加硫化物时，不能以固体形式直接加入酿酒罐中，应先用少量水将其溶解，然后倒入罐中，充分搅拌均匀。焦亚硫酸钾理论的二氧化硫含量为57%。但在实际使用中，其计算量为50%（即1kg焦亚硫酸钾含有0.5kg SO₂），即称取焦亚硫酸钾的质量为所需SO₂的2倍。如某果酒发酵前原料果汁为400kg，焦亚硫酸钾使用量为0.03g/L，则称取12g焦亚硫酸钾后溶于1L水中。将溶解后焦亚硫酸钾溶液倒入果汁中搅拌均匀，杀菌2～3h。

② 液体法

气体SO₂在一定的加压（30MPa，常温）或冷冻（−15℃，常温）下，可以成为液态。液体SO₂一般储藏在高压钢桶中，其使用最为方便，可以有两种方式：一是直接使用，将需要的SO₂直接加入发酵容器中，但这种方法SO₂容易挥发、损耗，而且加入的SO₂难与发酵液混合均匀；另一种是间接使用，将SO₂溶解为亚硫酸后再行使用，SO₂的水溶液浓度最好为6%。可通过配制或购买相应浓度的SO₂溶液商品使用。如某果酒发酵前原料果汁为400kg，SO₂使用量为0.02g/L，则量取800mL的商品1% SO₂溶液后倒入果汁中搅拌均匀，杀菌2～3h。

③ 与其他添加剂一起使用

溶菌酶又称胞壁质酶，是一种具有抗菌、抗氧化、防腐作用的酶，能够专一控制乳酸菌生长而不影响果酒的发酵。在果酒发酵过程中添加溶菌酶，可以控制细菌生长，替代 SO_2。同时，SO_2 与溶菌酶共同作用，有助于果酒中醇、酯、酚、酮类等香气成分的形成，可以促使果酒口感更加丰富，减少因 SO_2 添加过量给人体带来的不良反应。

（3）二甲基二碳酸盐（DMDC）杀菌

DMDC 又名维果灵，是一种无色透明，具有轻微刺激性气味的液体，在常温甚至低温下具有杀菌迅速、广谱的效果。在水中很快分解为甲醇和二氧化碳，不影响人的身体健康。果汁经 DMDC 杀菌处理后，风味及成分基本没有变化，是一种非常有潜力的果酒前处理杀菌剂，但关于 DMDC 果汁杀菌的研究较少，目前正处于推广阶段。如某果酒发酵前原料果汁为 400kg，DMDC 使用量为 0.25g/L，量取 100g 的 DMDC 溶于 1L 水中，后倒入果汁中搅拌均匀，杀菌 2～3h。

任务 3　桑葚酒发酵的生产控制

1. 桑葚酒简介

桑葚果肉多汁、汁浓似蜜、色泽艳丽、香气幽兰、色素含量高且稳定，是酿酒的极佳原料。在现代工艺条件下，利用新鲜桑葚为主要原料，经过挑选、破碎、调糖、酒精发酵等工序酿造的一种低酒精度饮料，能够最大程度地保留桑葚果实的营养价值。桑葚酒酒体呈深宝石红色、晶亮透明、口感醇和、果香馥郁、饮用回味无穷，可接受度高。桑葚酒除了具有独特的风味外，因其含有发酵所产生的有机酸、氨基酸和保留的矿物质、花青素及多酚等，还具有提高免疫力、改善心脑血管疾病、抗衰老和肥胖等多种功效。随着消费者健康意识的增强及健康养生观念的推广，桑葚酒同时满足了消费者口感的需求和健康的诉求，展现出巨大的发展空间和市场潜力。

2. 桑葚酒发酵工艺流程

原料验收→挑选、清洗→破碎、榨汁→酶解→澄清→成分调整→酒精发酵→陈酿→澄清、过滤→罐装→成品。

① 原料验收：采摘回来的桑葚好坏混杂，挑选新鲜成熟、品质良好、无霉烂变质的桑葚。

② 挑选、清洗：将桑葚去杂、清洗干净。

③ 破碎、榨汁：将洗净的桑葚投入破碎机中进行破碎。破碎的桑葚经过螺杆泵进入到酶解罐内。设备都需要用碱水、酸水、双氧水进行前期的清洗后才能

达到生产卫生标准并加以使用。

④ 酶解：按照 2～4g/100kg 原料的比例称取果胶酶（具体用量根据所使用的果胶酶酶活而定），纯水溶解后加入酶解罐并搅拌均匀，酶解 1～2h。

⑤ 成分调整：利用测糖仪对酶解后的桑葚果汁糖度进行测定。按照最终发酵酒精度为 12°左右的要求，推算糖度需要 200g/L 左右。根据桑葚汁的糖度，称取一定质量的白砂糖溶于纯水中并投入酶解罐中。为抑制细菌的繁殖，保证酵母菌数量的绝对优势和发酵的正常进行，利用柠檬酸或者酒石酸将桑葚汁的 pH 调至 3.3～3.5。

⑥ 杀菌：为了保证酵母菌纯菌发酵，防止杂菌的生长，发酵前需进行杀菌处理。按照 6g/100kg 原料的比例称取焦亚硫酸钾（$K_2S_2O_5$），用纯水化开后倒入酶解罐中搅拌均匀 1 小时后打入发酵罐（图 4-1）中。

图 4-1 200L 果酒发酵罐

⑦ 酒精发酵：按桑葚汁 0.05％添加果酒酵母（先用 5％的糖液 30℃活化 30min）进行主发酵，加入酵母后充分搅拌，发酵温度控制在 20～25℃，发酵期间每天搅拌 1～2 次，一般 7～10d 结束。发酵期间每日检查酵母生长繁殖情况，若酵母生长不良，需及时补加酵母。若发现有杂菌危害，采用补加二氧化硫控制。

⑧ 酒渣分离：酒精发酵结束后，应将酒液与酒渣分离，避免过多单宁进入酒中，影响桑葚酒的口感。发酵罐出料口内部设有不锈钢滤网，可在出料时将酒液和酒渣分离（图 4-2）。出料结束后，打开罐底的人孔，清理出酒渣。使用气

囊压榨机将酒渣中剩余的酒液压榨出来，并与上述出料孔过滤出的酒液混合使用。

图 4-2　板框过滤机

⑨ 后酵：将酒液打入后酵罐中，利用出料时酒液中混入的少量空气促使酒液中酵母将剩余糖分继续分解转化。后酵为静置发酵，发酵温度控制在 18～20℃之间，发酵时间为 15～30d。此时，酒液中的沉淀物逐渐下沉，堆积在容器底部，酒液逐渐澄清。同时，酒中发生酯化作用，酒味逐渐成熟。

⑩ 澄清：后酵结束后，加入约 0.5％的皂土，充分搅拌均匀后静置 12～24h，吸附酒液中的蛋白质、单宁和多糖并发生絮凝作用。下胶结束后，利用板框过滤机或离心的方法对酒液进行粗滤（图 4-3）。

图 4-3　粗滤后的桑葚酒

⑪ 陈酿：粗滤后的桑葚酒可装入陈酿罐或橡木桶中进行密封陈酿。陈酿罐温度需控制在15℃左右，陈酿罐中酒液尽量装满，减少酒液与空气的接触，防止酒液氧化变质。橡木桶装满酒后，需要放置在通风良好、温度较低（15℃以下）、相对湿度为80%~85%的环境中，随时检查并及时添满，防止杂菌入侵与繁殖。桑葚酒陈酿时间一般在半年以上。

⑫ 转罐（换桶）、添罐（添桶）：陈酿过程中，酒液中一些不稳定的物质经过一段时间的贮存后会发生沉淀，需通过转罐（换桶）将酒液与沉淀物分开，避免沉淀物重新溶解于酒液中，同时带入少量氧气，有利于桑葚酒熟化。大容量的陈酿罐一般每两个月进行一次转罐，小容量的橡木桶每个季度进行一次换桶。由于温度变化、气体逸出、酒体蒸发等原因，酒体减少，需及时添罐（添桶），添满酒体与容器的空隙，防止酒体氧化变质。添罐（添桶）一般选用相同的酒进行。一般情况下，橡木桶每周添酒两次，陈酿罐每周添酒一次。

⑬ 过滤：陈酿后的桑葚酒经孔径为0.45μm的膜过滤，除去桑葚酒中残留的浑浊物。

⑭ 灌装、成品：桑葚酒加热至70℃，装入洗净的果酒玻璃瓶中，保温30min后打塞，热缩膜封口，贴标并成为最终的桑葚酒产品。

考核与评价

1. 考核

(1) 在果酒酿造中添加二氧化硫的作用有哪些？

(2) 简述在果酒发酵中，自然发酵、纯菌发酵和混菌发酵的优缺点。

(3) 在筛选专用的果酒酵母时，应考察酵母哪些方面的特性？

2. 教师评价

(1) 理论基础得分：_____；

(2) 实验操作得分：_____；

(3) 总体评价：_____。

参考文献

[1] 郝生宏，贾金辉. 果酒酿造 [M]. 北京：化学工业出版社，2021.

[2] 刘洁，史红梅，王咏梅，等. 果酒生产工艺研究进展 [J]. 南方农业，2019，13(30)：3.

[3] 赵广河，胡梦琪，陆玺文，等. 发酵果酒加工工艺研究进展 [J]. 中国酿造，2022，41(4)：5.

[4] 邵文尧，王贞强. 膜分离技术在葡萄酒中的应用研究 [J]. 中外葡萄与葡萄酒，2005(1)：3.

［5］ 韩虎子，杨红．膜分离技术现状及其在食品行业的应用［J］．食品与发酵科技，2012，48（5）：4.

［6］ 李艳敏，赵树欣．不同酒类澄清剂的澄清机理与应用［J］．中国酿造，2008，27（001）：1-5.

［7］ 赵玉珠．果酒澄清的几种方法［J］．中国酿造，1990（1）：2.

［8］ 王向东，孟良玉．发酵食品工艺［M］．北京：中国计量出版社，2011.

［9］ 胡昌泉，林晓姿，何志刚，等．果酒香味形成与陈酿工艺［J］．福建果树，2001（04）：12-14.

［10］ 邓莎莎，吴继军，刘忠义，等．二甲基二碳酸盐发酵前处理对茶枝柑果酒发酵特性的影响［J］．食品科学，2016，37（21）：7.

［11］ 樊玺，阮仕立．怎样在葡萄酒加工过程中更好地使用 SO_2［J］．酿酒科技，2003（101）：68-70.

项目三　果醋的发酵工艺及生产控制

背景知识

1. 概述

果醋是以水果为主要原料，利用微生物酿制而成的一种营养丰富、风味优良的酸味调味品或酸性饮料。人类生产、食用果醋历史悠久，我国酿造果醋的历史最早可追溯到夏朝。以各种水果为原料开发的果醋营养丰富，富含多种有机酸、氨基酸、维生素、酚类、黄酮等，具有调节人体酸碱平衡、消除疲劳、降压降脂、提高免疫力、防癌等作用。果醋果香浓郁、醋香诱人、酸甜适口，是集美味、营养、保健、食疗于一体的新式食品，具有广阔的消费市场和开发前景。

果醋产品的商业开发从 20 世纪 80 年代末开始起步，逐渐被消费者认识并接受。果醋的开发不仅能充分利用我国的水果资源，提高水果利用率，增加水果附加值，促进水果产业发展，而且可以给人们提供营养价值高、具有保健功效的新型饮品。

2. 果醋的分类

随着果醋的流行，越来越多的果醋应运而生。果醋种类繁多，按照最简单的水果原料分类，就已经数不胜数，如苹果醋、葡萄醋、桑葚醋、山楂醋、枸杞果醋等，绝大部分的水果都可以成为果醋的发酵原料。为更加清晰地认识各种各样的果醋，还会根据果醋原料的类型、果醋的功能等进行分类。

按照果醋原料的类型，可分为单一型果醋、复合型果醋和新型果醋。单一型果醋是以一种水果为原料酿制而成的果醋；复合型果醋是由两种及以上的水果为原料酿制而成的果醋，果醋营养更加丰富、口感更加多样化，酿制过程中需按照水果原料的特点，选择最优的配比；新型果醋是为满足人们的要求，通过混菌发酵等技术开发的特色果醋产品，如果醋胶囊、无糖果醋等。

在日常生活中，按果醋产品的功能可将果醋分为烹调果醋、佐餐果醋、保健果醋和饮料果醋。烹调果醋酸度为 5% 左右，果味香醇，具有增香去腥的作用；佐餐果醋酸度为 4% 左右，酸中带甜，具有较强的提鲜作用，多用于凉拌、蘸料；保健醋酸度较低，一般为 2% 左右，酸甜适口、营养丰富、果香馥郁、入口芬芳；饮料果醋酸度只为 1% 左右，具有清凉祛暑、生津止渴、增进食欲和消除疲劳等作用。

从发酵工艺分类，果醋可以分为固态发酵果醋、液态发酵果醋和固稀发酵果醋。以下会对这三种工艺进行详细介绍。

3. 果醋发酵工艺

（1）果醋发酵原理

果醋发酵原理与镇江香醋发酵原理基本一致。

（2）果醋发酵菌种

① 酵母菌

酒精发酵阶段的酵母菌可参见项目二。

② 醋酸菌

醋酸菌是果醋醋酸发酵阶段的核心菌种，能够将酒精或者糖类氧化为醋酸或葡萄糖酸等有机酸。醋酸菌属于革兰氏阴性菌或变种、专性好氧菌、形状呈椭圆至杆状。醋酸菌生长繁殖的最适温度在 $28 \sim 33 \, ℃$，最适 pH 为 $3.5 \sim 6.5$。一般醋酸菌能耐醋酸 $7\% \sim 9\%$，耐酒精可达 $5\% \sim 12\%$（体积分数）。

醋酸菌品质的好坏直接影响果醋产品的品质。果醋生产选用的醋酸菌菌种应具有氧化酒精速度快、耐酸性和耐酒精性强、氧化醋酸能力弱、产品风味好的特性。目前国内常用的醋酸菌菌种分别是 AS 1.41 和沪酿 101，已在食醋生产中广泛应用多年，产酸率高，质量较好，是优良的菌株。醋酸菌是果醋工业中醋酸发酵的原动力，为提高果醋产品的产量和品质，就一定要选育出优良的果醋专用菌。目前对于菌种的选育主要有以下 3 种方法。

a. 自然选育

自然选育也称自然分离，是菌种选育的经典方法。利用微生物在一定条件下自发性变异，通过多次分离、筛选，排除劣质性状的菌种，选择出维持原有生产水平或具有更优良生产性能的高产菌种。自然界中存在大量的野生醋酸菌，种类繁多、特性各异，是一个天然的醋酸菌菌种资源库。根据醋酸菌的优势和特点，采取适当的方法进行筛选，就有可能筛选出具有优良特性的醋酸菌菌种。自然选育的优点是：可达到纯化与复壮菌种、保持菌种生产性能稳定的目的。其缺点是：工作量大、耗时长、效率低，由于自发突变中正突变概率很低，因而选出高产菌种的概率一般来说也很低。

b. 人工诱变

用各种物理、化学的因素人工诱发基因突变，是当前菌种选育的一种主要方法。人工诱变大大提高了菌种的突变频率和变异幅度，方法简单、速度快。但诱变随机性大，需配以大规模的筛选过程。由于通过单一诱变方法难以筛选获得高突变率的菌株，实际应用中往往采用结合不同致突变方法的复合诱变进一步提高突变效率。

物理诱变因其价格经济、操作方便、危害性小、无污染，应用最为广泛，但也存在诱变效果不佳的缺点，往往正突变少；化学诱变对设备要求简单，诱变效果好，但多是强致癌物质，对人体及环境均有危害，使用时须谨慎，避免直接接触或吸入其蒸气；生物诱变剂应用面窄，其应用也受到限制（表4-1）。

▢ 表4-1 常用的诱变剂

诱变方法	诱变剂
物理诱变	紫外诱变、激光、粒子束、X射线、α射线、β射线、超声波等
化学诱变	烷化剂（如亚硝基胍、乙烯亚胺、硫酸二乙酯）、脱氨剂（如亚硝酸）、天然碱基类似物、羟化剂、金属盐类等
生物诱变	噬菌体等

c. 基因改造

基因转化法是利用分子水平的手段对目的菌进行基因改造，既可以引入优良特性，又可以有目的地消除不利特性，使其取长补短地发挥功效。基因改造是通过分离提取外源基因，将外源基因片段与克隆载体连接，然后将充足DNA载体导入宿主细胞进行扩增和基因表达，从而达到改造菌种的目的。基因改造正向突变频率高、目的性强。

（3）果醋的发酵方法

按照发酵方式可将果醋分为固态发酵果醋、液态发酵果醋和固稀发酵果醋。

① 固态发酵果醋

固态发酵果醋是我国传统的果醋酿造方法，特点是采用低温糖化和酒精发酵，应用多种微生物的协同发酵，配以适量的辅料（如米糠、麸皮、豆粕等）和填充料（稻壳、高粱壳等），以浸提法提取果醋。由于发酵过程中辅料和填充料的添加及多种微生物的代谢作用，使得固态发酵果醋中富含酯类、氨基酸、多糖等物质。成品果醋风味优良、香气浓郁，但生产周期长、劳动强度大、出醋率低、质量不易稳定。

固态发酵果醋的生产工艺流程为：

水果原料→挑选→清洗→破碎→接种酵母→固态酒精发酵→加麸皮、稻壳和醋酸菌→固态醋酸发酵→淋醋→杀菌→陈酿→成品

② 液态发酵果醋

液态发酵果醋包括了传统法液态发酵醋、速酿塔醋及液态深层发酵醋，其工艺特点是机械化程度高、生产周期短、生产效率和出醋率高、产品质量稳定、操作卫生条件好、生产环境友好。但是由于使用纯培养技术，菌种数量少、酶系简单且发酵周期短等，液态发酵果醋风味较差。液态发酵法具有易操作管理、规模化和标准化的生产特点，是目前最有效和最先进的工艺技术。果醋生产上多使用

此方法。

液态发酵果醋的生产工艺流程为：

水果原料→挑选→清洗→破碎、榨汁→粗果汁→接种酵母→液态酒精发酵→加醋酸菌→液态醋酸发酵→过滤→杀菌→陈酿→成品

③ 固稀发酵果醋

固稀发酵果醋发酵过程中酒精发酵阶段为稀醪发酵，醋酸发酵阶段为固态发酵。固稀发酵相结合，较固态发酵出醋率提高、发酵周期缩短，较液态发酵果醋品质有所提升。传统的辉县柿子醋采用的即是固稀发酵工艺。前液后固发酵法的综合特点是提高了原料的利用率和酒精转化率。

固稀发酵果醋的生产工艺流程为：

水果原料→挑选→清洗→破碎、榨汁→粗果汁→接种酵母→液态酒精发酵→加麸皮、稻壳和醋酸菌→固态醋酸发酵→淋醋→杀菌→陈酿→成品。

任务1 桑葚醋发酵生产的控制

桑葚醋是以桑葚为原料，经酒精发酵和醋酸发酵而成。桑葚醋将醋和桑葚完美结合，不仅有桑葚的药理功效，又有醋独特的保健功能。以下为采用液态深层发酵法生产桑葚醋的示例。

1. 生产工艺流程

原料验收→挑选、清洗→破碎、榨汁→酶解→成分调整→杀菌→酒精发酵→澄清→醋酸发酵→陈酿→调配→过滤→杀菌→成品

2. 生产过程控制

① 桑葚酒发酵：该部分从原料处理至酒精发酵结束后的粗滤与上一节桑葚酒发酵工艺相同。酒精浓度过高会影响醋酸菌的生长活性，一般醋酸菌对酒精的耐受度在5°～10°。综合发酵效率及醋酸菌的活性等因素，通常将桑葚酒酒精度调整至7°作为发酵原料生产6°的桑葚醋。

② 菌种活化：选用沪酿1.01醋酸杆菌作为桑葚醋发酵的菌种（图4-4）。种子液培养基为葡萄糖2g/L、蛋白胨2g/L、酵母提取物1g/L、乙酸20mL/L和乙醇10mL/L，种子液培养条件为20℃，200r/min，培养12h。

③ 醋酸发酵：在好氧发酵罐中装入发酵罐体积一半的7°桑葚酒。称取0.1%的Frings醋酸菌营养盐，经少量无菌水溶解后加入发酵罐中搅拌均匀。按照10%的比例接入活化好的醋酸菌种子液，在30～32℃下通气搅拌发酵，通气量为0.15mL/(mL·min)，每6小时取样检测酸度及酒精度。采用1/3分割连续发酵工艺，当酸度不再提高时，取出醋液的1/3，补加1/3新鲜的桑葚酒继续发酵（图4-5）。在发酵前期的醋酸菌增殖阶段，要密切关注罐中的溶氧量（DO

值），若 DO 值居高不下，氧气消耗少，醋酸菌生长受限，可通过补加菌种来增强发酵；DO 值过高时，注意减少桑葚酒的补加量或推迟补加；DO 值过低时，要及时补加桑葚酒。

图 4-4　醋酸菌菌种　　　　　　　　图 4-5　桑葚醋的发酵

④ 陈酿：将桑葚醋装入陶缸或储存罐中，于阴凉通风处密闭陈酿 3～4 个月。

⑤ 调配：根据配方要求调整酸度并加入食盐、蔗糖、山梨酸钾等配制桑葚醋产品。

⑥ 过滤：在压力 0.08MPa、流量 6L/h、时间 15min 的条件下，对调配后的桑葚醋进行超滤处理。

⑦ 杀菌、灌装：将桑葚醋加热至 85℃左右，装入容器中，并保温 15min。

⑧ 成品：按规范贴好正、背贴，冷却后即为成品。

任务 2　桑葚醋有机酸的检测

果醋的酸味是其特征感官指标，酸味质量主要由其中的有机酸种类和组成决定。果醋中含有大量的有机酸，除了挥发性的醋酸外，还富含乳酸、苹果酸、柠檬酸、酒石酸、琥珀酸等不挥发酸，对果醋的风味口感具有重要影响。如乳酸酸味温和，苹果酸清爽，琥珀酸鲜味突出，能缓冲醋酸的刺激性，使酸味更加柔和、醇厚。果醋中的有机酸种类、含量主要与水果原料、发酵方法和陈酿工艺等因素相关。

测定果醋中主要的有机酸含量，对评价果醋的品质具有重要意义。本任务以桑葚醋为例，利用液相色谱法测定其中 7 种氨基酸的含量。

1. 实验试剂和设备

（1）试剂及配制

甲醇（色谱纯）；无水乙醇（色谱纯）；磷酸（分析纯 AR）；乳酸（≥99％）；酒石酸（≥99％）；苹果酸（≥99％）；柠檬酸（≥98％）；丁二酸（≥99％）；富马酸（≥99％）；己二酸（≥99％）；纯净水（本方法所用水均为纯净水）。

磷酸溶液（0.1％）：量取磷酸 0.1mL，加水至 100mL，混匀。

乳酸、酒石酸、苹果酸、柠檬酸、丁二酸和富马酸的标准溶液：分别称取乳酸 2.5g、酒石酸 1.25g、苹果酸 2.5g、柠檬酸 2.5g、丁二酸 6.25g（精确至 0.01g）和富马酸 2.5mg（精确至 0.01mg）于 50mL 小烧杯中，加水溶解，用水转移到 50mL 容量瓶中，定容、混匀，即为 6 种有机酸的混合标准储备溶液，于 4℃保存。其中，乳酸质量浓度为 $50000\mu g/mL$、酒石酸 $25000\mu g/mL$、苹果酸 $50000\mu g/mL$、柠檬酸 $50000\mu g/mL$、丁二酸 $125000\mu g/mL$ 和富马酸 $50\mu g/mL$。分别吸取混合标准储备溶液 0.50mL、1.00mL、2.00mL、5.00mL、10.00mL 于 25mL 容量瓶中，使用磷酸溶液（0.1％）定容至刻度，混匀于 4℃保存。

己二酸标准溶液配制：准确称取 12.5mg 的己二酸于 50mL 小烧杯中，加少量水溶解，转移到 25mL 容量瓶中，定容、混匀，为己二酸标准储备溶液（$500\mu g/mL$）。分别吸取 0.50mL、1.00mL、2.00mL、5.00mL、10.00mL 己二酸标准储备溶液于 25mL 容量瓶中，使用磷酸溶液（0.1％）定容至刻度，混匀于 4℃保存。

（2）设备

高效液相色谱，带二极管阵列检测器或紫外检测器；天平；水相微孔滤膜，孔径 $0.45\mu m$。

2. 样品处理

取 10mL 摇匀的桑葚醋在 8000r/min 下离心 10min，后称取 5g（精确至 0.01g）放入 25mL 容量瓶中，补水至刻度，经 $0.45\mu m$ 水相滤膜过滤，注入高效液相色谱分析。

3. 分析条件

（1）乳酸、酒石酸、苹果酸、柠檬酸、丁二酸和富马酸的测定

色谱柱：CAPECELL PAK MG S5 C_{18} 柱 4.6mm×250mm，$5\mu m$，或同等性能的色谱柱。

流动相：用 0.1％的磷酸溶液—甲醇＝97.5＋2.5（体积比）比例的流动相

等度洗脱 10min，然后用较短的时间梯度让甲醇相达到 100％并平衡 5min，再将流动相调整为 0.1％磷酸溶液－甲醇＝97.5＋2.5（体积比）的比例，平衡 5min。

柱温：40℃

进样量：20μL

检测波长：210nm

（2）己二酸的测定

色谱柱：CAPECELL PAK MG S5 C_{18}柱 4.6mm×250mm，5μm，或同等性能的色谱柱。

流动相：0.1％磷酸溶液－甲醇＝75＋25（体积比）等度洗脱 10min。

柱温：40℃

进样量：20μL

检测波长：210nm

4. 结果分析

将标准溶液和样品溶液分别注入高效液相色谱中，测得相应的峰高或峰面积。以标准溶液有机酸的浓度为横坐标，以色谱峰高或峰面积为纵坐标，绘制标准曲线。根据样品溶液的峰高或峰面积，使用标准曲线计算样品溶液的有机酸浓度。样品中有机酸的浓度计算公式为：

$$X = \frac{C \times V}{m \times 1000} \qquad (4\text{-}2)$$

式中，X 为样品中有机酸的浓度，g/kg；C 为由标准曲线求得的样品溶液中某有机酸的浓度，μg/mL；V 为样品溶液定容体积，mL；m 为最终样液代表的样品质量，g；1000 为换算系数。

计算结果以重复性条件下获得的两次独立测定结果的算术平均值表示，结果保留两位有效数字。

任务3　果醋产品保质期的确定

作为衡量饮料质量安全的一个重要指标，饮料保质期越来越受到消费者和生产者的关注。为了保证食品的质量安全和消费者的健康，就必须对食品的贮藏和流通规定一个比较合理的期限。食品保质期是食品标签的重要内容，它是有效保证食品质量的重要信息要素，也是食品生产经营者和消费者之间有关食品质量的不可或缺的契约凭证，更是各级监督机构在执法时的重要法律依据。

根据 GB 7718—2011《食品安全国家标准 预包装食品标签通则》的要求，保质期通常指预包装食品在标签指明的贮存条件下，保持品质的期限。在此期限内，产品完全适于销售，并保持标签中不必说明或已经说明的特有品质。一般食品的保质期不仅仅涉及时间这一单一维度，还涉及食品的物化特性、生产方式、包装材料、储存环境、货架形式等因素，应该在具体保存状态下分析食品的保质期。

1. 保质期内出现的主要问题

目前，饮料类食品在保质期内存在的质量问题主要有两类，一类是生物性的，即由微生物自身及其代谢产物导致产品变质、沉淀和浑浊；另一类是非生物性的，即饮料成分发生物理、化学变化引起的产品退色、凸罐、漏瓶、分层和沉淀等。常发生的质量问题详见表 4-2。

▫ 表 4-2　果醋产品常见问题

问题种类	编号	质量问题	可能的原因
生物性	1	凸罐、胀包和炸瓶	细菌、酵母菌等发酵产气菌感染发酵
	2	液面长膜	产膜菌、霉菌等感染、繁殖
	3	沉淀物、悬浮物、绒毛状物质	酵母菌等增殖、凝聚
	4	浑浊成牛奶状	芽孢杆菌、杆菌等感染繁殖
	5	变质(有异味)、浑浊、沉淀	细菌、真菌繁殖发酵
非生物性	1	退色、变色	色素不稳定,受光、热、pH 等影响
	2	分层、上清下浊	乳化剂不稳定,液体高压均质处理不好
	3	凸罐、炸瓶	二氧化碳过足,液面过高、空隙少、受热、震荡等引起
	4	漏气漏水	封盖、封口不严,瓶盖质量差、瓶口损坏
	5	液面有一层油环	乳化剂不稳定、取料操作不当
	6	沉淀	过滤欠佳、氧化、原料处理及操作不当
	7	有悬浮物	过滤欠佳、管路不净,取料操作不当
	8	漏罐	易拉罐内涂料不好、穿孔、拉环松、封口不严,二氧化碳过高

2. 保质期确定的方法

保质期可通过试验法、文献法、参照法确定。确定保质期主要依据成熟的保质期试验理论和现有的研究成果以及资料。试验法，可通过基于稳定性的保质期试验确定食品的保质期。其中，基于温度条件的加速破坏性试验可通过计算得到保质期时间或保质期时间范围；长期稳定性试验可通过试验数据观察到食品发生不可接受的品质改变的时间点；基于湿度和光照条件的加速破坏性试验可用于确定某些食品的保质期，也可以辅助观察某些食品或食品中的某些成分在保质期内的变化；文献法，在现有研究成果和文献的基础上，结合食品在生产、流通过程中可能遇到的情况确定保质期；参照法，参照或采用已有的相同或类似食品的保质期，规定某食品的保质期和贮存环境参数。

（1）加速破坏性试验

加速破坏性试验通过将食品样品置于一个或多个温度、湿度、气压和光照等外界因素高于正常水平的环境中，促使样品在短于正常的劣变时间内达到劣变终点，再通过定期检测、收集样品在劣变过程中的各项数据，经分析计算后，推算出食品在预期贮存环境参数下的保质期。

① 基于温度条件的保质期稳定性试验

温度是最关键的食品劣变影响因素。设计加速破坏性试验时，常将温度作为关键因素，甚至作为唯一因素。通常情况下温度每上升 10℃ 则劣变反应速度加倍。

a. 试验原理

将温差为 10℃ 的两个任意温度下的保质期的比率定义为 Q_{10}，见式（4-3）：

$$Q_{10} = \frac{\theta_s(T_1)}{\theta_s(T_2)} \tag{4-3}$$

式中　Q_{10}——加速破坏性试验条件下，温差为 10℃ 的两个温度（试验温度 T_2 和 T_1）下的保质期的比率；

　$\theta_s(T_1)$——在 T_1 温度下进行加速破坏性试验得到的保质期；

　$\theta_s(T_2)$——在 T_2 温度下进行加速破坏性试验得到的保质期。

实际贮存环境参数下的保质期与加速破坏性试验温度下的保质期呈以下关系，见式（4-4）：

$$\theta_s(T) = \theta_s(T') \times Q_{10}^{\Delta Ta/10} \tag{4-4}$$

式中　$\theta_s(T)$——实际贮存温度下食品的保质期；

　$\theta_s(T')$——在 T' 温度下进行加速破坏性试验得到的保质期；

　ΔTa——较高温度（T'）与实际贮存温度（T）的差值（$T'-T$），℃。

将试验数据代入式（4-3）计算出 Q_{10}，再通过式（4-4）可计算出实际贮存温度下的保质期 $\theta_s(T)$。

基于温度条件的保质期稳定性试验分为双试验温度法和多试验温度法，双试验温度法的优点是简便和节约试验时间，但是结果误差较大；多试验温度法的优点是得到的保质期值较为准确，缺点是试验较为复杂、费时费力。

b. 双试验温度法

在任意两个相差 10℃ 的试验温度 T_1、T_2 下分别进行加速破坏性试验，根据需要在每个考察时间点对设定的指标进行考察直至劣变终点。到达劣变终点的时间即为该试验温度下的保质期。考察时间点的选择可根据食品特性、试验条件和以往研究资料确定，也可以根据式（4-5）计算：

$$f_1 = f_2 Q_{10}^{\Delta Tb/10} \tag{4-5}$$

式中　f_1——较低试验温度 T_1 时各试验项目的考察频率（如天数、周数）；

　　　f_2——较高试验温度 T_2 时各试验项目的考察频率（如天数、周数）；

　　　Q_{10}——加速破坏性试验温度 T_2 和温度 T_1 下的保质期的比率；

　　　$\Delta T b$——T_2 与 T_1 的差值，即 $T_2 - T_1$，℃。

c. 多试验温度法

在多个试验温度下分别对样品进行加速破坏性试验可得到较为精确的 Q_{10}，并通过分析计算或建立数学模型得到较为精确的保质期结果。多试验温度法应选取多个高于实际贮存温度的试验温度进行加速破坏性试验，且至少有两个温度相差 10℃，为了得到精确的数据，宜至少在敏感的温度范围内选取三个温度进行试验。

② 基于湿度条件的稳定性试验

部分食品对湿度的敏感度高于对温度的敏感度，这些食品随湿度发生劣变的可能性和劣变程度更加显著，因此该类食品的加速破坏性试验宜以创造高湿度的环境条件为优先。根据微生物生长原理，通常食品的水分活度 A_w 高于 0.75 时，食品受微生物生长繁殖影响的风险变高，因此在试验中创造适宜微生物生长的湿度条件诱导食品发生劣变非常关键。

考察样品在高湿度条件下的稳定性时，应将样品放置在既定的高湿度环境条件下，在整个试验过程中随时间推移考察食品理化指标的改变和受微生物影响的程度，再与食品的吸水率等指标关联可以建立数学模型，再代入正常的贮存环境条件后能估算出食品在相应贮存条件下的保质期。

通常选择相对湿度 90％、温度 25℃ 为基准试验条件。将样品置于恒湿密闭容器中放置一定时间，根据估算的样品吸湿率确定观察时间，并分别于既定的观察时间和试验的最后一天取样，检测吸湿增重和微生物等项目。如吸湿增重超过估算的范围，则应在同温度、较低湿度下重复试验，直至吸湿增重在估计范围内方可结束试验。高湿实验一般只适用固体饮料。

③ 基于光照条件的稳定性试验

在贮存运输过程中，食品通常会暴露在室外自然光照、室内自然光照和室内人工光照条件下。部分食品或食品中的某些成分对光照的敏感度较高，在光照的影响下会产生异构化、光化学降解等反应，这些物质如接受一定频率的光源持续照射会加速相关过程，并导致食品发生质量变化。如光能够引发核黄素的光化学反应导致牛奶产生异味，光能够引起 β-胡萝卜素的异构化和光降解。针对光照敏感类食品的特性，通过增加单位时间照度的方式可以加速食品或食品中某些成分的质量变化。在整个试验中定期检测相关项目，找出变化规律和劣变点，测算出食品在通常光线条件下的保质期。

将密封于市售包装或近似市售包装的饮料放在装有荧光灯（模拟货架照明）

或氙灯（模拟日光照射）的光照试验箱或其他适宜的光照装置内，于（4500±500）lx 的照度条件下放置 10 天，于中间一天和最后一天按饮料保质期考察指标进行检测，重点检查饮料的感官变化。

（2）长期稳定性试验

食品在贮存期间的劣变均可直接或间接测量到。长期稳定性试验通过模拟实际贮存、运输、销售、食用等过程中的温度、湿度、光照等环境条件参数，合理设置实验室检测、感官评价时间点，在各时间点考察选定的各项试验指标，并分析、比较各时间点之间的变化情况，可以归纳出变化规律并发现食品不可接受的劣变终点，该劣变终点即为保质期。

长期稳定性试验宜根据加速破坏性试验的结果所推算出的保质期，按一定的时长比例设置检测时间点，越接近保质期末期，检测时间点之间的间隔宜越小。如考察时间点可设定为预期保质期期限的 25％、50％、75％、82％、89％、100％、105％和 110％，如果在 110％时，检测结果仍可接受，则按 5％的梯度继续延长期限，直至检测结果不可接受。

3. 保质期试验重点考察项目

饮料的保质期试验重点考察项目可分为感官指标、理化指标和微生物指标，这是评价饮料是否变质的三个主要方面。感官指标是判断食品质量或者口味好坏最直接的依据，理化指标规定了饮料应达到的成分含量，微生物指标可用来衡量饮料受微生物污染或其他污染的程度。对于不同的饮料，考察指标也不完全相同，果醋饮料着重考察感官指标（表 4-3）。

▫ 表 4-3　重点考察项目表

形态	稳定性试验重点考察项目
感官指标	含量、色泽、状态、澄清度、杂质等
理化指标	pH、不稳定物质、重金属等
微生物指标	菌落总数、大肠菌群、霉菌、酵母菌、致病菌等

4. 保质期测试实例

（1）指标设定

以果醋产品 A 为例，根据要求设定产品质量指标（表 4-4）。

▫ 表 4-4　果醋 A 指标限定

项目	总酸/(g/100mL)	总糖/(g/100mL)	透光率/%	浊度/NTV	pH
指标范围	2.5～3.5	15～20	≥97.0	≤5.0	3.5～4.5

（2）操作步骤

取果醋 A10kg，无菌分装于食品级 PP 样品瓶中，50mL/瓶，放置于 66℃、

56℃、46℃、41℃、36℃、28℃、室温保存。每个温度的样品数及检测频率见表 4-5，定期随机抽样取出其中 1 瓶样品，测试果醋 A 总酸、总糖、透光率、浊度、pH 值。下一次检测再随机另取 1 瓶进行。记录所有数据，计算 Q_{10}，推测常温保质期。

⊡ 表 4-5　样品检测计划安排表

温度/℃	样品数/瓶	检测频率/d	计划检测时间/月
66	20	3	2
56	20	5	3.3
46	20	9	6
41	20	13	8.7
36	20	18	12
28	20	36	24
室温	20	60	30

（3）结果分析

按照样品检测表对不同温度下果醋 A 的总酸、总糖、透光率、浊度、pH 值进行跟踪检测后发现，66℃下 15d 时透光率最先不合格；56℃下 33d 时透光率最先不合格；46℃下 83d 时 pH 值最先不合格；41℃下 160d 时 pH 值最先不合格；36℃下 240d 时浊度最先不合格；28℃下 405d 时浊度最先不合格；室温下 488d 时浊度最先不合格。

其中 36℃、46℃、56℃、66℃两两相差 10℃，分别将保质期结果直接代入式(4-3)，通过计算得出 36℃、46℃和 56℃的 Q_{10} 分别为：

$Q_{10}(36℃) = \theta s(36℃)/\theta_s(46℃) = 240/83 = 2.89$

$Q_{10}(46℃) = \theta s(46℃)/\theta_s(56℃) = 83/33 = 2.52$

$Q_{10}(56℃) = \theta s(56℃)/\theta_s(66℃) = 33/15 = 2.2$

综上，Q_{10}（平均）$= (2.89 + 2.52 + 2.2)/3 = 2.54$

再通过式(4-4)推算出该食品在 25℃下的保质期：

$\theta_s(25℃) = \theta_s(28℃) \times Q_{10}（平均）^{\Delta Ta/10} = 405 \times 2.54^{(28-25)/10} = 535d$

$\theta_s(25℃) = \theta_s(36℃) \times Q_{10}（平均）^{\Delta Ta/10} = 240 \times 2.54^{(36-25)/10} = 669d$

$\theta_s(25℃) = \theta_s(41℃) \times Q_{10}（平均）^{\Delta Ta/10} = 160 \times 2.54^{(41-25)/10} = 711d$

$\theta_s(25℃) = \theta_s(46℃) \times Q_{10}（平均）^{\Delta Ta/10} = 83 \times 2.54^{(46-25)/10} = 587d$

$\theta_s(25℃) = \theta_s(56℃) \times Q_{10}（平均）^{\Delta Ta/10} = 33 \times 2.54^{(56-25)/10} = 593d$

$\theta_s(25℃) = \theta_s(66℃) \times Q_{10}（平均）^{\Delta Ta/10} = 15 \times 2.54^{(66-25)/10} = 685d$

综上，果醋 A 在常温 25℃时的保质期在 535～711d 的范围内，即 18～23 个月。

考核与评价

1. 考核

（1）醋酸菌菌种选育的技术有哪些，并简述各自的优缺点。

（2）分析果醋产品出现沉淀的可能原因。

（3）果醋酿造的方法有哪些，不同的方法生产获得的果醋产品有什么差异？

2. 教师评价

（1）理论基础得分：_____；

（2）实验操作得分：_____；

（3）总体评价：_____。

参考文献

［1］ 杜连启，郭朔 . 果醋生产实用技术［M］. 北京：化学工业出版社，2017.

［2］ 吴国卿，王文平，陈燕 . 果醋开发意义，工艺研究及果醋类型［J］. 饮料工业，2010，（4）：4.

［3］ 姚忧，由涛 . 果醋生产菌种的选育和酿造方法研究进展［J］. 中国调味品，2010，（12）：4.

［4］ 方甜甜 . 论食品保质期［J］. 粮油加工，2015，（2）：3.

［5］ 刘红，王达，张明，等 . 饮料保质期测试方法的研究综述［J］. 饮料工业，2017，20（5）：4.

项目四　蛹虫草的栽培

背景知识

蛹虫草是子囊菌亚门核菌纲麦角菌目麦角菌科虫草属的真菌。蛹虫草分布于世界各地，是一种国内外公认的可以食用、药用的真菌，可以代替冬虫夏草入药。它对寄主的选择性不强，能够在多种寄主或培养基上生长。当蛹虫草的菌丝体把寄主虫体内的各种内部组织和器官分解完毕后，蛹虫草的菌丝体发育进入新的阶段。菌丝体由营养生长开始转为生殖生长，最后扭结后从蛹体空壳的头、胸、腹各环节间膜处伸出，形成橘黄色或橘红色的、顶部略膨大的、呈棒状的子座。在子座顶端的可孕部分，着生着众多表面呈乳头状突起的子囊壳，每个子囊壳内产生许多子囊孢子。子囊孢子弹射出来后，随风和雨进行传播，便又开始了下一轮侵染循环。

野生蛹虫草大多生长在海拔高度100～2000米，针阔叶林混交地区，上层林有松、杉、栎、槐、榆类等树种，下层为灌木层，有蕨等草本植物和苔藓植物。土壤多为棕壤、紫红壤、二等腐殖质土，一般在土壤腐殖层为3～9cm的林地，土质疏松湿润，土粒较细，呈酸性（pH值为5～7）。野生蛹虫草大多分布在坡度为100°～300°的背风向阳的坡地，多在树下光照较多之处生长，荫蔽好或植被少的地方则很少见到。蛹虫草产区的年平均气温为2～12℃，最高气温为36℃，最低气温为零下36℃。平均气温为9～28℃时，最适合蛹虫草生长。产区的气候多属温和湿润型气候，年均降水量在650mm以上。蛹虫草生长期间的降水量占年降水总量的70%以上。空气相对湿度达60%～95%，土壤湿度为20%～65%，十分有利于蛹虫草的生长发育。野生蛹虫草多生长于春夏季节的4～7月份，或秋冬季节的8～11月份。

蛹虫草与冬虫夏草的药用成分都比较复杂。目前认为，比较重要的成分有虫草素、D-甘露醇、蛹虫草多糖、SOD等。蛹虫草子实体及发酵液中含有虫草素（3′-脱氧腺苷）、腺嘌呤、尿嘧啶、腺苷、次黄嘌呤、鸟苷、尿苷、N6-甲基腺苷等核苷类化合物，它们均为蛹虫草的主要活性成分。

我国对蛹虫草的医疗保健价值和作用的研究由来已久，认为蛹虫草具有保肺益肝、补精填髓、止血化痰等功效，可治"百虚百损"。除在中医药剂中把蛹虫草作为一味重要药剂广泛使用外，在长期的应用实践中，又发明了许多以蛹虫草为原料的保健食品。

任务 1　蛹虫草的培养条件

1. 人工栽培的设施及要求

蛹虫草的生产栽培需要具备相应的设备条件，如生产场地、生产设施、必备器材、常用药剂等。生产设备可结合生产规模、发展重点及地形特征、气候因素等多方面情况进行综合考察之后确定。

（1）生产场地

蛹虫草的生产场地可划分为菌种室、配料室、灭菌室、接种室、发菌室、昆虫饲养室、栽培室、成品加工室、成品库、原料库、实验室等若干部分。

① 蛹虫草菌种生产过程为：配制培养基→灭菌→分离或接种→发菌培养→见光催芽→生长期光、温、湿、气管理→采收，周期约 60 天。与以上工序对应的工作场地分别为配料室、灭菌室、接种室、发菌室、生长室、采收室。这 6 个室必须连贯衔接，形成流水作业线，以提高效率，保证菌种及蛹虫草的质量。

② 配料室附近应设洗涤处，清洗培养容器和其他物品，并开好排水沟，把洗涤污水及时排到场外污水坑中。

③ 培养基原料可存放于室内，同时铺设水泥晒场，方便原料晾晒。

④ 产品的采收加工是蛹虫草生产的重要环节，应设专门的产品加工室如烘干室、包装室，而且要尽量远离栽培室。

⑤ 加工好的成品，要放置在清洁、干燥、凉爽、通风的房间内，最好有控温条件。

⑥ 在蛹虫草生产过程中要经常检查、观察、分析，应建立相应的实验室，并配备必需的仪器、药剂等。

⑦ 栽培室是生产蛹虫草培养料或虫体的场所，位置安排比较重要。在栽培过程中，蛹虫草培养料或虫体会散发大量的孢子，并且可能发生一些病虫害，可能影响蛹虫草菌种的纯度和质量。因此，栽培室应远离菌种生产设施，特别是不宜与接种室、发菌室和菌种室相邻，且栽培室应设在菌种生产设施及昆虫饲养室的背风口处。

（2）生产设施

栽培蛹虫草常用的生产设施包括栽培设施、制种设施、饲养设施和加工储藏设施等。栽培设施即栽培室（包括栽培床架），根据地点不同，可分为地上式栽培室、地下式栽培室和半地下式栽培室等类型；根据规模不同，可分为现代化工厂式栽培室、简易栽培室以及塑料大棚栽培室等。栽培时，可在室内设置多层床架。床架可用水泥、钢材、竹、木等材料制作，要求坚固结实，并要求设有横梁托撑，能承受菌床的重压，还要易于拼拆、清洗和消毒，使病菌及害虫难以潜伏。床架四周不应靠墙，床宽 1～1.5m，长度可根据房间长度设定。床架层数以 4～6 层为宜，底层离地面 20cm 以上，顶层离房顶 1m 以上。上、下层间距为40～50cm，可以保证有散射光照到床面。床面需平整，栽培时其上铺一层塑料薄膜后，再放培养料或虫体。床面四周可做一圈高 12～15cm 的边框，方便铺放培养料或虫体。

制种设施是用于蛹虫草纯菌丝体培养的设备。为保证制种的质量，提高制种的效率，应科学设计和安排制种设施。①制种室内应采用环氧地面或水泥地面，且要平整光洁，内墙壁的四角可砌成半圆形，便于清洗消毒。墙壁用石灰水刷白消毒，并加刷一层防水涂料。冷却室及接种室的墙壁及天花板需涂防潮油漆，室内应窗明几净。②冷却室、接种室、发菌室均为无菌区，各室应采用推拉门结构，减少室门开闭过程中的空气流通，减少杂菌污染。各室具有良好的密闭性能，室内空气应高度净化。同时，保证培养架规范。③菌种室和发菌室均应具备恒温条件，配备恒温箱，以保证蛹虫草菌丝体在较适宜的恒温条件下生长，从而加快制种速度。同时，菌种室还应配备低温冷藏设备，以便长期有效地保存菌种。

在蛹虫草栽培中，若使用 4～5 龄幼蚕作培养基，则需要用活体蛹虫。可以单独设立养蚕场，或直接外购活蚕蛹。蛹虫草的加工设施一般包括晒台、产品加工室等，储藏设施包括成品储藏库。

2. 人工栽培条件

（1）营养

① 碳源

碳源是合成糖类和氨基酸的基础，也是重要的能量来源。人工栽培时，蛹虫草可利用的碳源包括蔗糖、葡萄糖、淀粉、麦芽糖、果胶等，特别是葡萄糖、蔗糖等小分子糖类较优。

② 氮源

氮元素是合成蛋白质和核酸的必需元素。氮源主要分为有机氮和无机氮。无机氮主要有硝酸钠、氯化铵、磷酸氢二铵等。有机氮主要包括蛋白胨、氨基酸、蚕蛹粉、豆饼粉、玉米浆、酵母浸膏等；有机氮的利用效果比无机氮好。

在合理选用碳源和氮源的同时，还应调整好碳与氮的比例，使蛹虫草达到最佳生长速度，提高产品的产量和质量。一般蛹虫草的碳氮比值设为（3～4）：1为宜。

③ 矿物质元素

矿物质元素以磷、钾、钙、镁等为主要元素。一般通过添加磷酸二氢钾、磷酸氢二钾、硫酸钙、硫酸镁、氯化钠、硫酸铁等无机盐来增加矿物质元素的含量。

④ 维生素

蛹虫草菌丝体自身无法合成维生素，适当加入 B 族维生素，有利于菌丝体的生长发育。

（2）水分

水分是蛹虫草菌体细胞的重要组成部分，也是其生命活动过程中不可缺少的溶剂。蛹虫草生长发育所需的水分主要来自培养料或虫体。因此，培养料或虫体的含水量直接影响蛹虫草的生长发育情况。菌丝体生长阶段，培养基含水量需保持在 60%～65%，空气相对湿度保持在 60%～70%；培养料或虫体生长阶段，培养基含水量要达到 65%～70%，空气相对湿度保持在 80%～90%。

（3）光照

蛹虫草的孢子萌发及菌丝体生长阶段无需光照，应置于黑暗的生长环境。但从营养生长转化至生殖生长的时候，即原基开始分化时需要散射光，于光照的刺激下才能长出培养料或虫体。此时光照强度约为 $100～240lx$。若光照强，生长的菌丝体更容易满足生产的需求，生长中期需弱光强度（$50～100lx$），可有效提高子实体长度，生长后期需强光，以增加蛹虫草色泽。

（4）酸碱度

蛹虫草为偏酸性真菌，其菌丝体生长发育最适宜 pH 为 5.2～6.8。考虑灭菌和培养过程中 pH 值会下降，因而配制培养基时应适当调高 pH 值，即初始 pH 控制在 7.2 左右为宜。为使菌丝体稳定持续生长在最适宜 pH 范围内，可在配制培养基时加适宜的缓冲物质。

（5）温度

蛹虫草的不同生长发育阶段，具有不同的最适温度、最低温度和最高温度的界限，在培养的过程中应该注意温度的调节。

（6）空气

蛹虫草生长可以不用持续吸进氧气，少量空气即可。而在培养料或虫体发生期要适当通风，增加新空气，避免二氧化碳积累过多，影响蛹虫草生长发育。

任务 2　蛹虫草的制种与接种技术

选育品种优良、纯正、健壮、适龄的菌种，是实现蛹虫草栽培高产、优质的保障。蛹虫草菌种按菌种培育代数分为母种、原种和栽培种 3 级。母种是指在玻璃试管中用孢子或组织分离培育而成的菌丝体；而原种和栽培种则是在试管母种的基础上扩大培育而成的菌种。母种不宜直接用于栽培，而需要通过转管扩大繁殖并制作原种，并且用于菌种的保存。原种可以直接用于栽培生产，也可以继续扩大繁殖成栽培种。栽培种则主要用于栽培生产。优良菌种，应具备两个条件：一是菌丝洁白纯正，见光转色好，无杂菌感染；二是品系优良，能耐受较为恶劣的环境胁迫，菌丝生长健壮，培养料或虫体的形态好，发育正常，产量较高。与传统的固体菌种相比，液体菌种具有制种时间短、菌丝浓密、菌龄一致、制种操作方便、成本较低等优点，现已越来越广泛使用。

1. 培养基的配制

用于蛹虫草分离和栽培的培养基，根据材料和配制成分可分成天然培养基、半组合培养基和组合培养基。根据培养基的物理形态又可分为固体培养基和液体培养基。常用于分离蛹虫草菌种的培养基是组合培养基。下面列出 3 种常见的组合培养基配方。

配方 1：200g 去皮土豆（煮沸），20g 葡萄糖，2g 磷酸二氢钾，1g 硫酸镁，一片维生素 B_1，20g 琼脂，水 1000mL。

配方 2：20g 葡萄糖，10g 蛋白胨，1g 酵母膏，1g 磷酸二氢钾，0.5g 硫酸镁，5mL 生长素，20g 琼脂，水 1000mL。

以马铃薯葡萄糖琼脂（PDA）培养基为例，将新鲜土豆（即马铃薯）洗净，去皮，称取 200g，切成小块（或小条、薄片均可），加水 1000mL，煮沸 20～30min，至土豆软而不烂时，用 4～6 层纱布过滤去渣，取其汁液于锅中。然后加入琼脂 20g，使之溶化，再加入葡萄糖 20g、2g 磷酸二氢钾、1g 硫酸镁、一片维生素 B_1，并搅拌均匀，补足水分至 1000mL，继续加热至琼脂完全溶化，煮沸后即成培养基溶液，可趁热迅速分装试管。

2. 母种的分离制备

蛹虫草菌种的分离包括组织分离法和孢子分离法等。组织分离法为无性繁殖法，孢子分离法属于有性繁殖法。孢子分离法技术性强，操作复杂，难度较大，不适合一般生产者采用。而组织分离法操作简单，成功率高，在蛹虫草菌种分离中被广泛采用。

母种一般选择生长周期短，子座易发育，产量高，药用及营养价值高，生长正常，无病虫害，无散发孢子的健壮蛹虫草作为出发株。将选好的新鲜菌株洗净，晾干表面，连同试管培养基、灭菌的棉塞、接种工具、镊子、单面刀片、无菌水、0.1％氯化汞溶液（或 75％酒精）等一起放入接种箱内，再对接种箱内部进行严格消毒。经表面消毒处理后的蛹虫草，用单面刀片切去其外层，切取其内部一小块组织（最好从其培养料或虫体有龟背状花纹的顶端切取组织块，可获得种性优、产量高的菌株），迅速移接到试管培养基的中央，并迅速塞上棉塞。切取的组织块大小要适宜，一般为 $1mm^3$。过大易污染杂菌，过小则易将该组织杀死。全部接种完毕后，在 18～23℃的恒温箱中培养 15～20d，得到母种。

3. 固体栽培种的制作

蛹虫草虽然分为母种、原种、栽培种3级，但由于蛹虫草菌种具有特殊性，为了取得更好的栽培效果，在制作栽培种时，一般可省去原种制作程序，而由母种直接制取栽培种。由母种直接制取栽培种，可生产出固体栽培种，也可制取液体菌种和悬浮液菌种。

（1）培养基配方

95％大米，0.02％葡萄糖（或白砂糖），0.01％蛋白胨（或鸡蛋），4.9％蚕蛹粉，0.004％磷酸二氢钾，0.002％硫酸镁。维生素 B_1 微量（1kg 大米用 50～60mg）。

（2）拌料装瓶

大米应选用无霉变、无异味、无杂质的粳米。按配方称量所有原料，在容器中备好洁净水（pH 值为 5～7），水量按培养基总量与水的质量比为 1：（1.7～1.8）计算。先将除大米外的所有辅料溶于水中，搅拌均匀，使其完全溶解，制成辅料溶液备用。选用 500mL 罐头瓶（或其他类似容量的大口瓶），每瓶先装入大米 55g，再加入 100mL 辅料溶液（含水量 60％～65％），摇匀，然后用高压聚丙烯薄膜或牛皮纸封口。采用常压蒸汽灭菌，温度达 100℃，灭菌 8～9h。或者 117.7kPa 高压灭菌 1～1.5h。

（3）接种与培养

将灭菌后的培养基以及所需用具消毒后，在无菌条件下接入试管母种。接种后，即用牛皮纸封严瓶口，再在牛皮纸外面扎一层干净塑料薄膜（或单用塑料薄膜封口），置于培养室培养。在 15～18℃条件下进行暗光培养 7～12d，菌丝体长满培养基，可用于栽培。

4. 液体菌种制作

液体菌种生产法具有劳动强度小、费用低、方便快捷等优点。液体菌种培养基配方如下所示。

配方 1：20g 葡萄糖，10g 蛋白胨，2g 磷酸二氢钾，1g 硫酸镁，0.3g 食盐，50mg 维生素 B_1，水 1000mL。

配方 2：20g 葡萄糖，10g 玉米粉、10g 黄豆粉煮水过滤，2g 酵母粉，2g 磷酸二氢钾，1g 硫酸镁，100mg 维生素 B_1，水 1000mL。

配方 3：30g 葡萄糖，18g 蛋白胨，0.5g 磷酸二氢钾，2.5g NaCl，水 1000mL。

任选上述一配方，按所需量称取原料，加水 1000mL，加热煮沸 5min。冷却，沉淀 1h 后，取上清液，加水定容至所需体积，装入广口瓶中。加入 3～4 滴食用植物油作为消泡剂，防止通气培养时培养液产生泡沫。将瓶口用替代棉塞塞好，把带棉塞的通氧弯管用聚丙烯塑料袋扎好，连同广口瓶一起进行加热灭菌。于 147kPa 下灭菌 40min。灭菌结束后，自然冷却到 25℃ 以下，准备接种。

接种后将空气过滤器、增氧泵及广口瓶连接成一个密闭装置。将培养瓶置于 18～22℃ 的避光条件下静置培养 2d。2d 后，若液基表面无异色、清晰时，可通氧气。开启小气量通气，保持吹氧 2d，再启动大气量通气，保持吹氧 3～4d。整个培养过程中，培养瓶均需置于避光环境中。待菌丝体直径达 0.3～1mm 或菌丝球充满液基时，液体菌种制作完成。对于蛹虫草，在 18～22℃ 的条件下，通氧培养时间约为 5～7d。第一瓶液体菌种制好后，可将上层菌种倒出用于栽培，下层菌种（体积约占总液量的 1/10），可按上述法，继续生产第二瓶液体菌种用于栽培。

液体菌种制好后需及时使用。常温下（25℃ 以下）一般可放置 2～3d，最长不超过 7d，时间过长菌种容易老化或变质。4℃ 低温环境中保存 1～2 个月，若将蛹虫草菌球置于无菌生理盐水中，在 4℃ 条件下可存放 1 年半，其菌球活力不减。

5. 悬浮液的制备

悬浮液和液体菌种既类似也有区别。广义上，悬浮液中的菌种属于液体菌种，但悬浮液在很大程度上只算母种的稀释，而液体菌种才是真正的蛹虫草菌丝体的复壮繁殖，所以在相同用量的前提下，悬浮液的感染效果不及液体菌种。但悬浮液制作技术比较简单，投资较少。

（1）培养基的配制

配方 1：20g 葡萄糖，10g 蛋白胨，2g 磷酸二氢钾，1g 硫酸镁，0.3g 食盐，50mg 维生素 B_1，水 1000mL。

配方 2：20g 葡萄糖，10g 玉米粉、10g 黄豆粉煮水过滤，2g 酵母粉，2g 磷酸二氢钾，1g 硫酸镁，100mg 维生素 B_1，水 1000mL。

配方 3：30g 葡萄糖，18g 蛋白胨，0.5g 磷酸二氢钾，2.5g NaCl，水 1000mL。

（2）配制方法

按上述配方称好原料，放入锅中煮沸 10min，加清水补足到 1000mL。沉淀 15min，取上层液装入 500mL 三角瓶中，125℃ 灭菌 30min。

将母种接入灭菌后的培养基中，置于黑暗处，在 18～22℃ 下培养 5～7d，待瓶内悬浮液表面布满白色菌丝体时摇晃瓶体，使瓶内菌丝体与液体混合均匀。摇晃时，表层结块的蛹虫草菌丝体的分生孢子会散开进入培养基内，制成悬浮液。

任务 3　蛹虫草的栽培

1. 蚕蛹培养基栽培法

（1）菌种选择

蛹虫草液体菌种或悬浮液制备后，需观察是否有杂真菌（如毛霉菌、黄曲霉菌等）和细菌（如醋酸杆菌等）污染，无问题可用于栽培。杂菌会产生有色孢子，污染杂菌的培养液颜色为绿色、黄色或黑色。若出现感染，种子不能使用。液体菌种或悬浮液经培养 5～7d 后，若液体变浑浊，或者有酸臭味，说明被细菌感染，需要重新制种。

（2）蚕蛹的消毒处理

干蚕蛹和鲜蚕蛹都可用于蛹虫草栽培，但蚕蛹品质要优等。蚕蛹要无杂质，无霉变，无虫蛀，无异味，颜色正常，大小均匀，长 2～4cm，粗 8～10mm（图 4-6）。干蚕蛹应剔除发黑、病变蛹。鲜蚕蛹则去除破损蛹及不健康蛹。经过处理后的蚕蛹，若室温为 10～18℃，可用清水清洗，使 pH 达到 6～7.5，最后放在筛子里，用干净塑料薄膜盖上沥干，时间不能超过 12h。若室温超过 18℃ 以上，用清水冲洗蚕蛹，会导致水中的杂菌或细菌污染。在蚕蛹沥干的过程中，避免蝇之类害虫在蚕蛹上面叮咬、产卵，并防止灰尘、风沙等污染。消毒沥干后的蚕蛹应立即使用，不能久放。

图 4-6　优质蚕蛹

（3）培养盒的消毒处理

蚕蛹接种后需放入培养盒中培养才能长出子座，培养盒消毒可采用高温灭菌或无残留消毒液清洗。

（4）培养室消毒

先将培养室的墙壁、顶棚、地面清扫干净，并开门窗通气。栽培前一天，封闭培养室门窗，并对培养室进行室内消毒处理。消毒时，可用 0.5％高锰酸钾溶液或 3％来苏尔溶液或 0.02％碘伏等消毒剂对室内地面、墙壁和空间进行喷雾消毒；也可用臭氧、紫外光照射、二氧化氯等消毒。

（5）蛹虫草栽培

干蚕蛹灭菌接种：向方形栽培盆（边长 33cm，深度 11cm）中装入浸泡好的蚕蛹 700g。用 0.05mm 厚的聚丙烯塑料薄膜扎紧盆口，置于灭菌房中，当灭菌房温度升至 80～90℃时，增大排气阀开口，排出冷空气，排气 10min 后，减小排气阀开口，温度升至 100℃，维持 8～10h。灭菌后，将灭菌车推至无菌降温室，冷却至室温。无菌环境下将用无菌水稀释 10 倍的液体菌种 40～50mL 均匀接入栽培盆，接种后，在聚丙烯塑料薄膜中间切割 1～6cm² 通气孔，并覆盖无菌过滤膜，利于后期向培养盆中补加水分、营养液及通气，并有效防止污染。

鲜蚕蛹消毒接种：先将方形空盆封膜灭菌，灭菌方法同上。将挑选出的健康活蛹用 75％酒精喷洒进行蛹体表面消毒，放入超净工作台下吹干，用连续性注射器或一次性注射器在蛹体关节处注射 0.1mL 菌种，注射好的蚕蛹放入灭过菌的盆中，在聚丙烯塑料薄膜中间切割 1～6cm² 通气孔，并覆盖无菌过滤膜。

（6）栽培管理

接种后的蚕蛹应放于 18～23℃下培养。初期发菌阶段温度以 18～20℃为宜，以减少杂菌污染；菌丝体布满蚕蛹体之后，再将温度提高至 20～23℃。发菌阶段应保持室内黑暗，在发菌期的 5～10d 内必须采取封闭培养，蛹虫草菌种才会全部感染培养料或虫体。10d 后，可进入栽培室观察，若蚕蛹上长满白色菌丝（图 4-7），说明蚕蛹已被蛹虫草菌种全部感染，开始进入培养料或虫体培养阶段。这时应去掉覆盖的塑料薄膜，控制培养温度为 23℃左右，湿度在 70％～80％。同时应适当开启门窗，通风加氧以促进培养料或虫体生长发育。几天后，子座便会长出，培养料或虫体原基形成（图 4-8）。这时，空气湿度应加大至 80％～90％。之后的培养，蛹虫草需要光线，但不可让阳光直射，利用阳光的余光或室内灯光即可。再培养 10d 左右，子座长到 5～12cm，直径 1.5～4mm，呈棍棒状，草尖发黑时即成熟（图 4-9）。

（7）采收加工

采收时，轻轻取出蛹虫草，要注意不要弄断子座和培养料或虫体。将取出的蛹虫草用清水冲洗干净后，在阳光下晒干或烘干，然后等回潮或用黄酒喷洒使其

图 4-7 蚕蛹上长满菌丝

图 4-8 子实体长出

图 4-9 蚕蛹虫草成熟

软化后，即可装袋密封、出厂。

2. 谷物培养基栽培法

（1）培养基常用配方

配方1：大米95％，蚕蛹粉5％。

配方2：大米80％，黄豆粉20％。

配方3：小麦90％，黄豆粉10％。

（2）培养液的常用配方

配方1：蛋白胨2g，葡萄糖10g，磷酸二氢钾2g，硫酸镁1g，维生素$B_1$1片。

配方2：蛋白胨7g，葡萄糖12g，硫酸镁0.5g，磷酸二氢钾1g，维生素$B_1$1片。

（3）装盆与封口

① 装盆

每盆装入干料450～500g，加入营养液675～900mL，料水比1：(1.5～1.8)。

② 封口

培养基装盆之后，一般采用厚度为0.04～0.05mm的聚丙烯塑料薄膜封口，一层即可，外套耐高温松紧带或橡皮圈。在进行蛹虫草栽培时，为了在后期增加补光效果，一般不用低压聚乙烯膜封口，其透光性较差。

（4）灭菌与冷却

灭菌与冷却的操作如上所述。灭菌后的培养料应松软而不烂，用手抓，粒粒在手，轻轻一捏，又能紧合成团。如果培养料太湿，则菌丝体难以吃透，仅在其表面生长，久之则会停止生长。如果太干，则菌丝体生长缓慢，盆内微气候干燥，菌丝体纤细无力，难以转色出草。

（5）接种

将冷却后的培养基放入接种室，接种室可以臭氧、紫外或二氧化氯等消毒。有条件的可把接种室做成百级净化室在高效过滤器下接种，这种比较适合规模化生产；没条件的在超净工作台上接种，接种区域保持清洁无菌状态，保持较慢速度，也起到同样效果，接种时房间温度不宜超过20℃。

将做好的液体菌种与无菌水1：(5～10)稀释，每盆均匀喷洒50mL左右。

（6）发菌

将接种后的培养基放入暗室培养，温度14～18℃，发菌室不宜洒水，应保持干燥卫生，7～12d培养基表面长满白色菌丝（图4-10）。

（7）见光转色

每天以散光照射培养盆菌丝表面，每天光照时间18～20h，光照强度150～200lx，空气相对湿度70％～80％，温度16～20℃，诱导时间2～4d。通过光诱

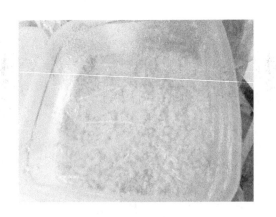

图 4-10　蛹虫草覆盖大米基质

导促使菌丝转色。经过诱导后，培养基表面呈现橘黄色。

（8）诱导原基形成与分化

改变昼夜温差环境，刺激原基形成。将诱导条件设置为：白天温度 19～23℃，夜晚温度 14～18℃，空气相对湿度 70%～80%，每天白光光照 16～18h，光照强度 200～300lx，诱导培养 7～10d。经原基诱导，栽培盆表面有橘黄色圆丘状凸起（图 4-11）。

图 4-11　蛹虫草子实体

（9）子实体生长

采取分阶段精细化控制技术优化子实体生长（图 4-12）。原基分化后第 1～10d，控制温度 20～22℃，空气相对湿度 70%～75%，二氧化碳体积分数小于 0.1%，光照强度 250～300lx，每天 14～16h 白光光照，8～10h 黑暗，每 8h 栽培室通风 1h；原基分化后第 11～40d，每 5d 向培养盆中喷洒 50mL 培养液，控制温度 18～20℃，空气相对湿度 75%～80%，光照强度 300～450lx，每天 16～

18h 白光光照，6～8h 黑暗，栽培室每 11h 通风 1h；原基分化后第 40～45d 直至采收，控制温度 16～18℃，空气相对湿度 80%～90%，二氧化碳体积分数小于 0.1%，光照强度 450～600lx，每天 14～16h 白光光照，8～10h 黑暗，栽培室每 6h 通风 1h。采用本技术，菌丝长势很旺盛、出草快、生长周期短、蛹虫草产量高、品相好。

图 4-12　蛹虫草培养管理

（10）采收

当子座高达 80mm 左右，子座的上端有黄色突起物出现时，即可采收（图 4-13）。采收后要及时晒干或烘干。

图 4-13　蛹虫草出草

注：本项目的图片均由徐州鸿宇农业科技有限公司提供。

3. 混合培基栽培法

混合培养基可选用大米、小米、玉米粉、高粱米、蚕蛹粉、木屑等为原料，其生物学转化率达 100%～170%，具有原料来源广泛、成本低、周期短、产量高、效益好等优点。各地可因地制宜利用当地原料优势来进行蛹虫草栽培。

(1) 培养基配方

配方 1：大米 93％，葡萄糖（或白砂糖）2％，蛋白胨（或鸡蛋清）2％，蚕蛹粉 2.5％，柠檬酸铵 0.2％，硫酸镁 0.2％，磷酸二氢钾 0.1％，维生素 B_1 微量（1000mL 水加 50～60mg）。

配方 2：大米 60％，麦麸 25％，玉米粉 10％，葡萄糖（或蔗糖）2％，蚕蛹粉（可用中药店僵蚕代替）2％，硫酸镁 0.9％，另加维生素 B_1 微量（1000mL 水加 50～60mg）。

配方 3：大米 68％，蚕蛹粉 26％，蔗糖 5％，蛋白胨 1％，维生素 B_1 微量。

配方 4：大米 90％，蚕蛹粉 9％，蛋白胨 0.35％，酵母粉 0.5％，磷酸二氢钾 0.1％，硫酸镁 0.05％，另加维生素 B_1 微量。

配方 5：高粱米 85％，蚕蛹粉 10％，蔗糖 2％，蛋白胨 2％，磷酸二氢钾 0.1％、硫酸镁 0.1％.酵母粉 0.8％，维生素 B_1 微量。

配方 6：小米 95％，葡萄糖 3.5％，蛋白胨 1.2％.磷酸二氢钾 0.1％，硫酸镁 0.2％，维生素 B_1 微量。

配方 7：高粱米 45％，玉米粉 40％，小米 10％，蔗糖 2％，蛋白胨 2％，酵母粉 0.8％，磷酸二氢钾 0.1％，硫酸镁 0.1％。

配方 8：大米 50％，高粱米 45％，蔗糖 2％，蚕蛹粉 2％，蛋白胨 0.5％，磷酸二氢钾 0.1％，硫酸镁 0.4％，维生素 B_1 微量。

大米、小米等植物性原料应无异味、无杂质、无霉变。高粱米粒要用中粒的，用前浸泡 5～6h。

(2) 拌料装盆

任选上述培养基配方一种，制备好培养料或虫体按料水比 1：（1.5～1.8）装入盆中封膜，pH 值为 5～7。

(3) 灭菌

灭菌方法和要求可采用常压蒸汽灭菌或高压蒸汽灭菌，步骤同固体栽培种的制作。

(4) 接种

同谷物培养基栽培法。

(5) 培养管理

同谷物培养基栽培法。

(6) 采收质量标准

① 采收

蛹虫草子座长到 5～12cm 长，即成熟。去掉封口薄膜，将子座连同培养基一起取出，从子座根部剪断。将子座晾干、晒干或烘干均可。如需保存，含水分应低于 13％，以防止发霉变质。干后用薄膜袋密封。

② 质量等级

一般将蛹虫草分为 4 个等级，分别为：特等品，子座长 80mm 以上，粗细均匀，色泽金黄，有光泽；一等品，长 70～80mm，金黄色，棒头尖圆如球，无白色碎末和剪边；二等品，长 60～70mm，色红黄，上粗下细，边皮剪得粗细均匀，无米粒杂质；三等品，长 50mm 以下，有皮渣及破碎物，子座纤细，色泽较淡。

蛹虫草的生长发育，需要一定的营养、光、温度、水、气和酸碱度等生态条件。在培养基的培养料或虫体里，蛹虫草和竞争性杂菌，竞相生存。生产中如能创造有利于蛹虫草生长的环境条件，就能抑制杂菌的繁殖、危害。一般来说，在大面积栽培中，适当降温培养，虽然菌丝体生长缓慢。但杂菌明显减少。蛹虫草在菌丝体生长阶段，需要较低的空气湿度，而杂菌生长则常发生在高湿环境中，因此，如果菌丝体生长阶段保持 70% 以下的湿度，就可以抑制杂菌生长。培养料或虫体的含水量直接影响着菌类的生长和杂菌的发生。在培养料或虫体阶段，虽然蛹虫草需要吸收大量的水分，但要切忌直接往培养基上大量喷水，一般采用空中喷雾的方式，或向墙壁、地面洒水等办法增加空气湿度。蛹虫草是好氧性微生物，一般要求培养料或虫体的含水量为 60%～65%，水分过多，培养料或虫体中的空气相对减少，不利于蛹虫草菌丝体生长，而放线菌、酵母菌等厌氧或半厌氧微生物就会大量繁殖。一般来说，蛹虫草较霉菌更喜爱偏酸性的环境，生产上常用磷酸二氢钙作辅助料，既供给蛹虫草磷，又能增加培养料或虫体的酸度，抑制霉菌。就蛹虫草本身来说，不同的生长阶段，对生态条件的要求也不完全相同。

为满足蛹虫草生长发育所需要的条件，生产中要注意以下几个问题。a. 培养蛹虫草的场所要有保温、通风、防雨、给水、排涝条件，便于调节温、湿度，排除空气中的二氧化碳。b. 培养料不要过厚过大，一般以厚度 2cm 左右为宜。培养料过厚过大，常因料内氧气不足，导致培养料中发菌不良。c. 根据气象条件及蛹虫草生长发育的需要，及时启闭门窗、喷水、放风，以调节室内温、湿度。d. 蛹虫草菌丝体吃透养料后，要及时进行变温处理，加大昼夜温差，降低培养室温度，以刺激蛹虫草进入生殖生长阶段，促使形成原基，以防营养菌丝体在高温下老化白溶，导致杂菌感染。

考核与评价

1. 考核

（1）如何减少工业生产中蛹虫草的菌种退化？

（2）蛹虫草的营养成分与冬虫夏草的异同点？

（3）蛹虫草的栽培方式对其营养成分的形成有何影响？

（4）蛹虫草的栽培有哪些注意事项？

2. 教师评价

（1）理论基础得分：＿＿＿＿＿＿＿＿＿＿＿＿；

（2）实验操作得分：＿＿＿＿＿＿＿＿＿＿＿＿；

（3）总体评价：＿＿＿＿＿＿＿＿＿＿＿＿＿。

参考文献

［1］ 张胜友. 新法栽培蛹虫草［M］. 武汉：华中科技大学出版社，2010.

［2］ 李昊. 虫草人工栽培技术［M］. 北京：金盾出版社，2001.

［3］ 杜双田，贾探民. 蛹虫草灰树花天麻高产栽培新技术［M］. 北京：中国农业出版社，2002.

［4］ 赵胜华. 一种蛹虫草栽培管理方法：CN201410385204.1［P］.2014.

［5］ 秦俊哲，吕嘉枥. 食用菌贮藏保鲜与加工新技术［M］. 北京：化学工业出版社，2003.

［6］ 段毅. 蛹虫草高效栽培技术［M］. 郑州：河南科学技术出版社，2004.

辅助视频

（1）果酒发酵工艺。

（2）蛹虫草。

果酒发酵工艺   蛹虫草

附录

实训记录表

实训时间		实训地点		实训班级	
指导教师		实训人数		实训课时	
实训课题					
实训任务点					
实训总结	学生自评： 掌握操作要点： ① ② ③ 任务点完成自我评价： 　　　　　　　　　学生签名： 教师评价： ①实训纪律： ②任务完成评价： ③总结分析评价 ④综合评价 　　　　　　　　　教师签名：					